Kinderparadiese im Garten

Projekte zum Selberbauen

HANS-JÜRGEN REINBOLD

blv

Was Sie in diesem Buch finden

Einführung

Projekte zum Selbstbauen

Anhang

Welches Holz für draußen?

Sobald das Wetter es zulässt, halten sich Kinder am liebsten im Freien auf. Hier können sie toben, spielen und tolle Abenteuer erleben – besonders, wenn sie die richtige Umgebung dazu vorfinden. Mit Schaukel, Kletterwand oder Baumhaus wird ein Garten im Nu zum Paradies für den Nachwuchs. Und Spielgeräte wie Riesenmikado, Slackline oder Stelzen versüßen den Spielalltag.

In diesem Buch finden Sie ausgefallene Ideen zum Selberbauen, mit denen Sie Kindern im Garten eine riesige Freude bereiten. Dabei ist Holz einer der wichtigsten Bau- und Werkstoffe überhaupt. Seine weltweite Vorrangstellung (auch gegenüber Stahl und Kunststoff) wird durch seine offensichtlichen Vorzüge definiert.

Holzbalken sind, auch wenn sie abgedeckt werden, vor Witterungsunbilden zu schützen.

Das Material lässt sich leicht bearbeiten und besitzt vorwiegend eine hohe Stabilität bei relativ geringem Volumengewicht.

Bei der Wahl der Holzsorte zählen primär deren Eigenschaften, zum Beispiel die Belastbarkeit. Laubhölzer sind in der Regel härter als Nadelhölzer. Auch die Haltbarkeit (ohne Schutzanstrich) ist wichtig. Buche, Birke und Esche halten bis 3 Jahre; Fichte und Tanne bis 5 Jahre; Douglasie und Kiefer bis 8 Jahre; Eiche sogar bis 13 Jahre.

Hölzer, die für den Gebrauch im Außenbereich eingesetzt werden, sollten grundsätzlich einen wetterfesten Schutzanstrich erhalten. Auch wenn Zeder, Douglasie, Lärche oder Bangkirai beispielsweise nicht unbedingt eines weiteren Schutzes bedürfen, hebt ein transparenter Anstrich doch erheblich die eigene Maserung hervor. Die genannten Hölzer sind von Natur aus schon gegen Feuchtigkeit geschützt, sofern sie immer wieder abtrocknen können.

Häufig verwendete Hölzer (seien sie massiv oder als Leimholz) wie Tanne, Fichte und Buche sind im Außenbereich in jedem Fall vor Wetterunbilden zu schützen. Dazu zählen auch Holzwerkstoffe wie Spanplatten, Hartfaser-, MDF-, HDF- oder OSB-Platten, Sperr- und Furnierhölzer sowie Tischler- und Multiplex-Platten (auch wasserfest verleimt). Ebenso sind Hölzer oder Holzwerkstoffe, die später abgedeckt werden (beispielsweise durch eine Beplankung aus druckimprägnierten Blockhausbohlen), prophylaktisch immer gegen Schimmelbildung und Fäulnis zu schützen. Das ist zwar im ersten Moment relativ aufwendig, zahlt sich aber auf Dauer besonders bei Objekten aus, die permanent jedem Wetter trotzen müssen – wie zum Beispiel Spielhäuser, Rutschen, Wippen oder Sandkästen.

Die wichtigsten Werkzeuge

Die für den Heimwerker interessanten Werkzeuge unterscheiden sich nach Elektro- und Handwerkzeugen. In beiden Fällen hält sich die Zahl der unbedingt erforderlichen Geräte durchaus in Grenzen. Ein riesiger Maschinenpark dokumentiert nicht zwangsläufig einen mit allen Wassern gewaschenen Heimwerker. In der wohldosierten Beschränkung liegt auch hier das Optimum.

Beginnen wir mit den Handwerkzeugen. Die Grundausstattung umfasst:

- Zollstock (Metermaß), Rollbandmaß, Schieblehre für Rundprofile und Tiefen.
- Wasserwaage, Schmiege (für variable Winkel), Spitzzirkel für kreisrunde Anrisse, Anschlagwinkel zum Anzeichnen und Ausrichten rechtwinkliger Linien.
- Schlosser-, Schreiner- und Latthämmer sowie ein Fäustel.
- Kneifzange, Seitenschneider, Kombi- und Wasserpumpenzange.
- Fuchsschwanz, Metall- und Feinsäge.
- Raspeln und Feilen mit diversen Profilen.

Hinzu kommen noch: Beitel verschiedener Breiten, Schleifpapier verschiedener Körnung, Spachtel (zwei Breiten), Cutter, Bleistift und Leim.

Die Liste der Elektrowerkzeuge ist kürzer: Bohrmaschine, Stichsäge, Akkuschrauber und Schwingschleifer reichen für die meisten Arbeiten aus.
Als komfortable Zusatzausstattung sind maschinelle Laubsäge, Oberfräse, Kreissäge und Bohrständer (oder ein Bohrmobil), ein Bandschleifer sowie ein Elektrotacker hilfreich.

Arbeiten Sie mit Schutzbrille, Ohrschützer, Staubmaske und Arbeitshandschuhen. Für den Notfall sollte immer eine Hausapotheke bereitstehen.

Größere Bohrungen, wie hier für die Spielwand, lassen sich mit einem Forstnerbohrer oder einer Lochsäge herstellen.

Laubsägearbeiten sind viel leichter zu bewältigen, wenn eine elektrische Hilfe wie diese zur Verfügung steht.

Holzschädlinge und Oberflächenbehandlung

Der Zahn der Zeit und konkret Wind und Wetter nagen an den Holzfasern und zerstören sie. Ohne wirksamen Schutz büßen Oberflächen ihren Glanz ein und – noch schlimmer – Konstruktionen ihre Stabilität.

Nicht zu unterschätzen sind auch die Holzfeinde und -schädlinge. Würmer, Maden und Käfer fressen sich langsam, aber unaufhaltsam durchs Holz. Nagekäfer oder Hausbock schädigen schon als Larven das Holz. Mit Bioziden ist den Jungtieren vor der Vermehrung nachhaltig beizukommen.

Auch Pilze, Wasser und Licht setzen dem natürlichen Baustoff zu. Übelster Bursche ist das UV-Licht. Die aggressiven UV-Anteile im Sonnenlicht zerstören den holzeigenen Klebstoff Lignin: Das Holz wird grau und spröde. Eindringendes Wasser hat dann leichtes Spiel, das Holz aufzuweichen.

Nachdem die Grundfarbe völlig durchgetrocknet ist, steht sehr sorgfältiges Abkleben der Konturen für den Ring an.

Wasser dient Schädlingen wie Pilzen und Bakterien als Nährboden, die das Holz zersetzen. Blaufäule lässt das feuchte Holz quellen und reißen: Ein offenes Tor für alle anderen Schädlinge.

Anders als Bläuepilze zerstören viele andere Pilzarten (zum Beispiel Schwämme) die Holzfasern. Fäulnispilze ernähren sich von Holz, befallene Bauteile sind nur äußerst aufwendig zu sanieren.

Oberflächenbehandlung

Die Behandlung einer Holzoberfläche dient zweierlei Zwecken: zum einen der optisch ansprechenden Farbgestaltung des Bauobjekts, zum anderen – besonders im Außenbereich – als Schutz gegen die zuvor genannten Witterungs- und Schädlingseinflüsse.

Ein deckender, haltbarer Farbanstrich besteht immer aus mehreren Gängen:

- Grundieren;
- Zwischenschleifen (240er-Papier);
- Erster Anstrich;
- Zweiter Zwischenschliff, um die aufgestellten Holzfasern zu glätten;
- Endanstrich (je nach gewünschtem Oberflächen-Finish mit Pinsel oder Rolle). Je nach Art der Rolle kann eine feinnarbige Struktur entstehen.

Gearbeitet wird grundsätzlich nur noch mit lösemittelfreien, wasserlöslichen Produkten. Die im Handel erhältliche Palette an Farben, Lasuren und Grundierungen ist so umfangreich, dass sowohl bei der Farbwahl als auch beim Schutzeffekt keine Wünsche offenbleiben.

Konstruktiver Holzschutz

Damit sich Schädlinge gar nicht erst festsetzen können, sollte durch kluges Bauen verhindert werden, dass sich überhaupt Staunässe bildet.

Holzkonstruktionen (Spielhäuser, Klettertürme, Wippen etc.) sind so aufzubauen, dass das Holz der Nässe nicht dauerhaft ausgesetzt ist. Allen empfohlenen Lösungen liegen folgende Regeln zugrunde:

- Niederschlag vom Bauteil fernhalten; weite Dachüberstände schützen vor Regen und Sonnenlicht.
- Wasser über Tropfkanten abführen; präzise ausgebildete Tropfnasen führen Nässe sauber ab.
- Stirnholzflächen versiegeln/abdecken; von abgeschrägten und abgedeckten Pfostenköpfen läuft Regen sicher ab. Ideal sind Kappen aus Metall.
- Erdberührte Teile besonders schützen; Pfostenschuhe sind dafür sehr zu empfehlen. Alternativ können Sie stark imprägnierte Teile in verdichtete Kiesfundamente (Drainage) einsetzen und den Kies stark verdichten.
- Bauteile ausreichend hinterlüften; eine Latten-Unterkonstruktion sorgt für ausreichende Luftzirkulation.

Chemischer Holzschutz

Wirkstoffhaltige Grundierungen und Lasuren bieten zuverlässigen und wirksamen Schutz gegen Holzschädlinge. Holzschutzmittel sind europaweit definiert als Anstrichmittel, die gegen Pilze und/oder tierische Schädlinge wirken. Produkte ohne biozide Inhaltsstoffe zählen nicht dazu. Man unterscheidet nach Tauchimprägnierung, Druckimprägnierung und manuellem Anstrich. Bei Ersterem saugt das Holz die Biozide etwa 15 mm tief auf. Bei der Druckimprägnierung wird der Holzschutz sehr tief ins Holz gepresst. Manuell verarbeitete Anstriche enthalten ebenfalls Pilze und Insekten tötende Stoffe, die etwa 10 mm tief in das Holz eindringen.

Physikalischer Holzschutz

Gegen die im Sonnenlicht enthaltenen schädlichen UV-Strahlen helfen pigmentierte Lasuren. Sie wandeln das UV-Licht in Wärme um und schützen dadurch das Holz. Filmbildende Lasuren verhindern, dass Nässe den Holzkleber Lignin auswaschen kann. Die Lasuren wirken wie ein aufgespannter Regenschirm. Das Wasser perlt an dem Film einfach vollflächig ab.

Das kleine Dach schützt gegen senkrechten Regen. Für Wettereinflüsse von der Seite ist die Oberflächenbehandlung zuständig.

Projekte zum Selbstbauen

Slackline-Halterung

Das Slackline-Fieber geht um! Darum nichts wie raus in den Garten und die Slackline mit Ankern und Böcken montieren. Vergessen sind jetzt Computer oder Spielekonsole. Jetzt werden Kinder und Erwachsene draußen gebraucht.

Die Slackline (englisch für »schlaffe Schnur« oder »lockere Leine«) ist ein flaches Gurt- oder Schlauchband, das an zwei Fixpunkten verankert wird. Im Park bieten sich dazu dicke Baumstämme an – im Garten haben die wenigsten solche kraftvollen Prachtexemplare, die dazu geeignet wären.

Aber auch ohne Bäume ist nur wenig für ein sicheres Slackline-Vergnügen im Garten nötig: zwei in Beton eingelassene Anker, zwei in die Erde verankerte Böcke, ein Spannelement, zwei Schäkel zum Einhängen und die Slackline selbst. Die Anker sind im Handel erhältlich (Bezugsquellen S. 124), das Einbetonieren funktioniert ganz einfach (siehe S. 20). Die Holzböcke können ebenfalls fertig gekauft oder auch selbst angefertigt werden. Wer die Böcke selbst aufbauen möchte, sollte sich im einschlägigen Handel über die erforderlichen Maße und die notwendige Stabilität informieren, bevor das Material eingekauft wird. Beim fertigen Bauelement die richtige Oberflächenbehandlung nicht vergessen.

Bei den Slacklines geht das umfangreiche Angebot auf vielfältigste Anforderungen ein, zum Beispiel gibt es extrabreite Exemplare für Anfänger. Sinnvoll ist es, mit einer Lowline (30 bis 70 cm Höhe über dem Boden) zu beginnen.

Zu Beginn sehen viele Slackliner ihren Sport nicht als Artistik, sondern eher als Selbstzweck an. Fortgeschrittene probieren sich beim sogenannten »Tricklinen« gerne an spektakulären Kunststücken wie Handständen, Rückwärtssaltos (Backflip) oder dem Surfen auf der Slackline.

Wie beim Seiltanzen kommt es übrigens beim Slacklinen auch auf die Balance in Oberkörper und Beinen an. Da das Band ständig schwingt, wird das Gleichgewicht durch ein Mitschwingen der Beine gehalten. Einen »festen Weg«, sein Gleichgewicht zu finden, gibt es allerdings nicht. Jeder entwickelt nach und nach das nötige Gefühl dabei. Das Ausbreiten der Arme und der aufrechte Blick nach vorne helfen aber auf alle Fälle.

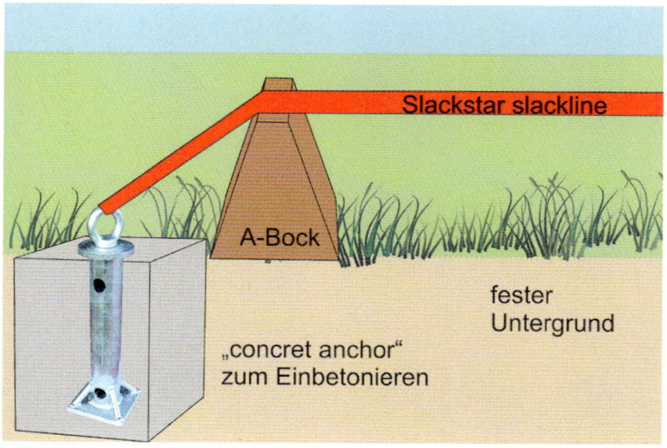

MATERIAL

- 2 Anker
- 2 Holzböcke
- 2 Schäkel
- 1 Spannelement (z. B. Ratsche)
- 1 Slackline
- Ruck-Zuck-Trockenbeton
- Wasser

Mikado

In diesen Dimensionen geht der Spieleklassiker wohl nicht mehr als Tischspiel durch. Aber im Garten kommt er gerade damit richtig gut an. Immerhin sind die 22 Stäbe satte 500 mm lang und haben einen Durchmesser von stolzen 10 mm.

Ein Lexikon sagt zu »Mikado«: Geschicklichkeitsspiel mit langen Holzstäbchen unterschiedlicher Punktwerte, die einzeln von einer festen Unterlage aufgehoben werden, ohne dass sich die anderen Stäbchen bewegen dürfen. Das klingt in der Theorie trocken, macht in der Praxis aber tierisch Spaß.

1 Mit einem solchen Doppel-Spitzer lassen sich auch Rundhölzer von 10 mm Durchmesser anspitzen (große Öffnung). Anschließend die Spitzen mit feinem Schleifpapier glätten.

2 Die Farbringe, die den Stäben ihre Wertigkeit geben, bestehen aus selbstklebendem Papier in unterschiedlichen Farben.

3 Für die Memoryspiel-Variante werden auch die anderen Enden der Stäbe angespitzt und bemalt.

Wie bei der Tischversion ist es auch bei der XXL-Variante die Aufgabe, einen Mikadostab so hochzunehmen, dass sich kein anderer bewegt. Das ist auf einem Rasen nicht ganz einfach und erfordert einige Erfahrung. Die Wertigkeit der einzelnen Stäbe wird durch ihre Farbringe angezeigt – und lässt sich natürlich jederzeit durch die Mitspieler von Spiel zu Spiel bestimmen.

Eine interessante Variante zum herkömmlichen Mikado ist das Memoryspiel mit den Stäben. Dazu wird jeweils ein Ende der Stäbe nach dem Anspitzen glatt geschliffen und verschiedenfarbig bemalt. Zum Spielen steckt man die Stäbe mit den bunt bemalten Enden in den Boden (am besten in Sand).

Jetzt gilt es zu erraten, welches Stabende welche Farbe trägt. Wer gut aufpasst, kann neben der Position auch die Farbringe als Erinnerungshilfe nehmen. So sind die Stabpaare schnell gefunden.

Spielhaus mit Kletterwand

Wer hoch hinauswill, braucht ein solches Kletter- und Spielhaus. Das tragende Balkenskelett, das sowohl beim Unter- als auch beim Oberbau aus handfesten Kanthölzern besteht, trägt nicht nur die Verschalung ohne Probleme, sondern auch eine Menge Aufsteiger.

Auch bis heute, in Zeiten von Spielekonsolen, Fernseher, Computer und Co., hat sich ein Kindertraum nie geändert: der Wunsch nach Spiel und Abenteuer. Perfekter Ort dafür ist ein eigenes Refugium, in das man sich ohne Aufsicht und Reglementierung ungestört zurückziehen kann. Und wenn's geht, sollte das Haus doch bitte im eigenen Garten stehen.

Und ob das geht! Das auf den folgenden Seiten vorgestellte Spiel- und Kletterhaus bietet ebendiese vielen Spielmöglichkeiten. Hinzu kommt, dass durch die große Kletterwand mit ihren zahlreichen bunten Klettergriffen fast spielerisch, aber zumindest unauffällig die Entwicklung von Grob- und Feinmotorik unterstützt wird.

Das große Bullauge oben in der Kletterwand dient der Konversation mit den anderen Spielkameraden im Garten – und erleichtert das Entern des Turms.

Bei der Materialauswahl standen stabile und witterungsbeständige Produkte im Vordergrund: Die Ständerkonstruktion besteht aus 90 × 90-mm-Douglasienpfosten mit gefaster Kante.

Douglasienholz ist auch ohne Behandlung mit Holzschutzmittel besonders resistent gegen Pilzbefall und Fäulnis. Die (weniger gute) Alternative wäre druckimprägnierte Kiefer. Als Wand- und Deckenverschalung eignen sich Siebdruckplatten hervorragend, weil sie durch die werkseitige Behandlung mit Phenolharz ebenfalls extrem witterungsbeständig sind.

1 Die Stützelemente des Unterbaus erhalten ihre Stabilität zum einen durch die Winkelverbinder in den Ecken der Stützpfosten und Querhölzer. Zum anderen sorgen verschraubte Diagonalstreben für die endgültige Verwindungssteifheit. Ein Hilfsklotz gibt die Stelle vor, an der der Winkelverbinder für den nächsten Trägerbalken zu positionieren und zu fixieren ist.

2 Das Stützelement in beiden Dimensionen exakt in die Senkrechte bringen (Wasserwaage) und mithilfe einer am Boden abgestützten Hilfslatte und einer Schraubzwinge provisorisch fixieren. Ein zweiter Mann wäre hierbei von großem Nutzen.

3 Beim Aufstellen des zweiten Stützelements wiederholt sich der beschriebene Vorgang. Zusätzlich ist jedoch darauf zu achten, dass beide Elemente absolut parallel und im richtigen Abstand zueinander stehen. Erst dann die beiden restlichen Verbindungs-Kanthölzer auf die Winkelverbinder legen, ausrichten und verschrauben.

4 Große Teile – wie beispielsweise die Siebdruckplatte, aus der die Eingangsöffnung herauszuschneiden ist – sollten direkt an der Baustelle bearbeitet werden. Um diese Wand vor Bodenfeuchtigkeit zu schützen, ist es ratsam, sie mit etwa 10 cm Abstand zum Boden mit dem Kantholzgerüst zu verschrauben. Dazu werden zwei entsprechend breite Bretter mit Zwingen provisorisch am Gestell fixiert.

Dann die Platte auf die Bretter setzen, mit Zwingen am Gestell befestigen, Schraubenlöcher vorbohren und ansenken. Die Köpfe der Schrauben flächenbündig eindrehen und die Hilfsbretter und die restlichen Zwingen wieder entfernen. Um auch die Sägekanten der Siebdruckplatten vor Wetterkapriolen zu schützen, sollten deren Flächen einer wirksamen Oberflächenbehandlung unterzogen werden.

5 Bei einer diagonalen Messung mit einem Bandmaß noch einmal die absolute Rechtwinkligkeit der Unterkonstruktion überprüfen und gegebenenfalls korrigieren. Beide Diagonalmaße müssen hier auf den Millimeter genau identisch sein.

6 Das ist konstruktiver Holzschutz. Die Bodenanker halten die Stützpfosten mit ausreichend Abstand über dem späteren Betonfundament. Bevor die Anker verschraubt werden können, ist das gesamte Untergestell »aufzubocken«. Hierzu Stütz- und Querlatten montieren, die Abdeckbretter über den Fundamentlöchern entfernen und die Anker befestigen.

7 Die Fundamentlöcher abwechselnd mit trockenem »Ruck-Zuck-Beton« und Wasser Schicht für Schicht füllen und – wenn die richtige Höhe erreicht ist – mit einer Kelle glätten. Auch ohne vorheriges Anmischen entstehen so sehr solide Punktfundamente.

8 Der fertig einbetonierte Unterbau. Nachdem die Fundamente bis in Tiefe durchgehärtet sind, können alle Hilfslatten, Gehwegplatten und Steine entfernt werden. Erst jetzt sollte es mit dem Oberbau weitergehen.

MATERIAL

- **Douglasie oder Kiefer KDI (druckimprägniert) 90 × 90 mm:**
  4 Eckstützen 1.737 mm lang; 2 Querträger 2.173 mm lang; 4 Längsträger 1.820 mm lang; 4 Diagonalstreben 700 mm lang; 4 Hauptbodenträger 2.710 mm lang; 6 Zwischenbodenträger 596 mm lang; 7 Stützen 1.537 mm lang; 3 Querträger 1.698 mm lang; 4 Zwischenstützen 1.510 mm lang; 3 Querträger 1.698 mm lang; 2 Geländerpfosten 775 mm lang.
- **Siebdruckplatte (Sieb/Film) 18 mm dick:**
  1 Kletterwand 3.000 × 2.000 mm;
  1 Füllstück 2.000 × 310 mm;
  1 Wandverkleidung unten 2.595 × 1.500 mm;
  1 Wandverkleidung oben 2.173 × 1.690 mm;
  3 Dachabdeckungen 2.300 × 700 mm;
  1 Türbogen 690 × 500 mm.
- **Kiefer oder Douglasie 70 × 45 mm:**
  7 lfd. m für Balkongeländer, Leiterholme und Unterfütterung der Bodenbretter.
- **Kiefer oder Douglasie 45 × 35 mm:**
  17 lfd. m für Wandauflager und Balkonfüllungen.
- **Hobeldiele 111 × 25 mm:**
  115 lfd. m für Boden, Wand und Geländerfüllungen.
- **Kiefer-Rundstab 35 mm ∅:**
  3,5 lfd. m für Leitersprossen.
- **Kleinteile:**
  4 Schwerlast-Winkelverbinder 90 × 90 × 65 × 2,5 mm; 46 Winkelverbinder 70 × 70 × 55 × 2,5 mm;
  16 Sechskant-Holzschrauben 10 × 140 mm lang;
  16 Schloss-Schrauben M10 × 160 mm lang;
  32 Schloss-Schrauben M10 × 100 mm lang;
  66 Hutmuttern M10; 2 Sechskantmuttern M10;
  82 Scheiben für M10; Gewindestab M10:
  2 × 160 mm lang (Befestigung Geländerpfosten),
  8 × 130 mm lang (Befestigung für Schwerlast-Betonanker).
- **Fundament:**
  5 Paar Schwerlast-Betonanker 500 × 50 × 5 mm;
  Spengler-Dichtschrauben 4,5 × 45 mm;
  Spanplatten-Schrauben;
  wasserfester Holzleim; Ruck-Zuck-Trockenbeton;
  Wasser.

9 Der Aufbau der oberen Etage verläuft – konstruktionsbedingt – ähnlich wie beim Unterbau. Zunächst den Balkon mit Bodendielen (Nut- und Federbretter) beplanken. Im Bereich des Ständerwerks sind sie im erforderlichen Maß auszuklinken und von oben mit den Tragbalken zu verschrauben.

10 Im Bereich von Winkelverbindern sind Aussparungen an den Bodendielen notwendig, weil sie dort sonst nicht plan aufliegen können. Dazu auf der Unterseite der Diele mehrere parallele, gleich tiefe Einschnitte (Fein- oder Ziehsäge) vornehmen und die entstandenen Lamellen mit einem Beitel möglichst gleichmäßig und eben entfernen.

11 Um die Dachmontage zu erleichtern, wird die vorgesehene Siebdruckplatte dreigeteilt. Zuerst die beiden äußeren Platten mit Spengler-Schrauben auf dem vorderen und hinteren Balken verschrauben (vorbohren!). Die mittlere Platte auf zwei Stränge Dichtklebemasse auflegen und von unten verschrauben.

12 Auch die Kletterwand wird auf Stützen gestellt, mit Zwingen provisorisch fixiert und, wie bei der Eingangswand beschrieben, befestigt.

13 Nun steht die Beplankung der Außenwände an. Dazu die Nut- und Federbretter den zu füllenden Feldern anpassen und verschrauben. Dies gilt für alle Wände außer der schon vorhandenen Kletterwand.

14 Zum Schluss erhalten alle Füllungsbretter (auch die des Balkons) einen Imprägniergrund gegen Fäulnis und zwei Deckanstriche mit einer Dauerschutzfarbe in freundlichem Taubenblau.

15 Erst durch die Montage solcher Griffe verdient der Kletterturm seinen Namen. Das für dieses Haus zusammengestellte Set enthält 25 bunt gemischte »Spielplatz-Klettergriffe«.

16 Eine Schablone hilft beim Festlegen der Bohrungen für die Klettergriffe mit Zwei-Punkt-Befestigung. Die Klettergriffe sollten gleichmäßig so verteilt sein, dass etwa sieben Teile pro Quadratmeter Kletterfläche an der Siebdruckwand befestigt werden.

Klappbare Torwand

Hier werden gleich zwei Kinderwünsche auf einmal erfüllt: zum einen durch die fast klassische Torwand (ähnlich der im Aktuellen Sportstudio) – zum anderen wird durch einfaches Kippen aus der Torwand ein richtiges Fußballtor.

Tore, Punkte, Meisterschaften: Welches (Kinder-)Fußballherz träumt nicht davon? Diese gelungene Kombination aus Fußballtor und Torwand eignet sich so oder so für endlose Trainingseinheiten. Das Netz fängt in beiden Fällen die Bälle auf – das schont die Gartenpflanzen und die Hausratversicherung. Und wenn die Saison vorbei ist, wird das Tor einfach platzsparend zusammengeklappt und in Keller oder Garage eingelagert.

Bei der Oberflächenbehandlung ist darauf zu achten, dass wirklich jede Ecke – besonders die bei den Aufdoppelungen – mit dem Lack ausgefüllt wird, um die komplette Witterungsresistenz zu gewährleisten. Darum ist es auch wichtig, den herausquellenden Leim noch flüssig zu entfernen.

1 Die drei Kreisausschnitte für die Bälle und den großen Bogen unten mit einer Stichsäge ausschneiden und alle Sägekanten mit Schleifpapier glätten.

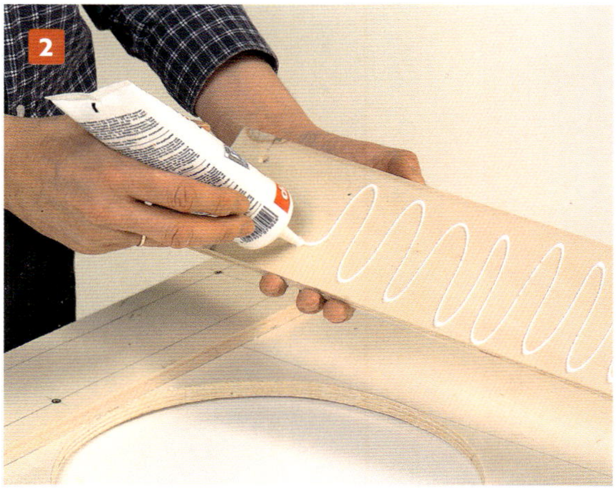

2 Die Aufdoppelungen oben und seitlich mit der Torwandplatte wasserfest verleimen und verschrauben. Herausquellenden Leim sofort mit einem feuchten, fusselfreien Lappen entfernen.

3 Die Torwandplatte mit einem stoßfesten Lack satt streichen. Nach dem Trocknen und einem Zwischenschliff die zweite Lackschicht auftragen. Ist auch dieser trocken, mit einem Bleistift jeden Außenring markieren, mit Kreppband sehr sorgfältig abkleben und schwarz lackieren.

4 In den Seitenteilen die Positionen der Druckknöpfe markieren und leicht vorbohren. Dann mit einem Locheisen die erforderlichen Löcher in den Gurtbändern herausstanzen, die Bänder auf Länge schneiden und die Druckknöpfe befestigen.

5 Die Seitendreiecke über jeweils zwei rostfreie Scharniere mit der Torwand verbinden. Hier auf keinen Fall Rundkopfschrauben verwenden, weil das Tor sonst nicht richtig zusammengeklappt werden kann.

6 Die Torstange gelb streichen, durchtrocknen lassen, mit Malerband abkleben und schwarze Streifen aufmalen. Erst wenn die Torstange eingehängt ist, die seitlichen Gurtbänder schließen. Die Kugeln an den Enden der Stange verhindern, dass die Bänder verrutschen.

7 Das Netz mit den zuvor beschriebenen Gurtbandschlaufen seitlich fixieren. Oben und unten warten schon je 10 Schraubösen. Zum Einhängen des Netzes die Ösen aufbiegen und wieder schließen.

Die seitlichen, etwas längeren Gurtschlaufen dienen dazu, das eingerollte Netz beim Zusammenklappen der Konstruktion festzuhalten. Die sechs schwarzen Kugeln auf der Platte dienen als Füße des Fußballtors.

MATERIAL

- **Sperrholz 15 mm dick, wasserfest verleimt:**
  1 Torwandplatte 1.500 × 1.000 mm;
  1 Aufdoppelung oben 1.300 × 100 mm;
  2 Aufdoppelungen seitlich 1.100 × 100 mm;
  2 Seitendreiecke 1.000 × 1.000 mm (aus **einer** Platte 1.100 × 1.100 mm, diagonal auftrennen und die Spitzen um je 100 mm kürzen);
  2 Aufdoppelungen unten 1.000 × 100 mm;
  2 Aufdoppelungen oben 200 × 100 mm.

- **Kleinteile:**
  1 Rundholz ∅ 40 × 1.410 mm lang (einhängbare Torstange);
  2 Holzkugeln 40 mm ∅;
  2 Holzdübel ∅ 12 × 90 mm lang (jeweils 20 mm in Torstange und Kugel einlassen);
  6 Holzkugeln 30 mm ∅ (Füße Fußballtor);
  4 Scharniere 100 × 75 mm (geöffnet);
  2 Kunststoff-Gurtbänder 25 mm breit, ca. 320 mm lang und mit je einem Sperrverschluss 20 mm ∅ (Fixierung aufgerolltes Ballnetz);
  1 Kunststoff-Ballnetz ca. 1.400 × 1.200 mm;
  20 Schraubösen ∅ 10 × 20 mm lang (untere und obere Netzbefestigung);
  4 Kunststoff-Gurtbänder 25 mm breit, ca. 170 mm lang (seitliche Netzfixierung);
  4 anschraubbare Druckknöpfe 15 mm ∅;
  Spanplattenschrauben;
  wasserfester Holzleim.

Hafenbecken mit Werft

Ein Hafen-Projekt für große und kleine Bauunternehmer. Das Becken ist so simpel konstruiert wie ein Sandkasten. Liebevolle Details wie Bootshäuser und Werft, Stege und Poller, ja sogar eine kleine Seilwinde machen das Ganze wirklich perfekt.

Es ist an alles gedacht: Der Bootsschlitten im XL-Format transportiert die Boote nicht nur zur Generalüberholung in die Werft. Er holt sie auch über eine Rampe im Becken und mithilfe der Seilwinde aus dem Wasser.

An jeder Schmalseite sind drei Bretter vorgesehen, auf denen Boote, Seilwinde, Häuser und die Werft ihren Platz finden. Wer will, kann die Bootshäuser beim Spielen einfach mit Klettband befestigen.

MATERIAL

Werft (Zeichnung 2)

- **Sperrholz 4 mm dick:**
  A) 2 Giebelseiten 220 × 250 mm;
  B) 2 Dachplatten 230 × 140 mm.
- **Kiefer 91 × 15 mm:**
  C) 2 Seitenwände 200 mm lang.

Bootshäuser (Zeichnung 7)

- **Kiefer 91 × 43 mm:**
  A) 4 Häuser 190 mm lang; B) 2 Häuser 50 mm lang.
- **Kleinteile:**
  Selbstklebende, schwarze Folie: 35 × 15 mm (10 Türen) und 20 × 15 mm (10 Fenster); Klettband; Nägel; wasserfester Holzleim.

Schlitten (Zeichnung 4)

- **Kiefer 16 × 4 mm:**
  A) 4 Kreuzlager 220 mm lang.
- **Rundholz 19 mm Ø:**
  B) 4 Rollen 15 mm dick.
- **Rundholz 16 mm Ø:**
  C) 1 Lagerrolle 50 mm lang.
- **Stahldraht 2 mm Ø:**
  D) 2 Achsen 65 mm lang.

Seilwinde (Zeichnung 5)

- **Kiefer 43 × 15 mm:**
  A) 2 Lagerböcke 80 mm lang;
  B) 1 Bodenplatte 55 mm lang.
- **Rundholz 43 mm Ø:**
  C) 2 Rollenscheiben 80 mm lang.
- **Rundholz 16 mm Ø:**
  D) 1 Windenrolle 30 mm lang.
- **Kleinteile:**
  Stahldraht 2 mm Ø: 1 Kurbel und Achse 150 mm lang; Stahldraht 1 mm Ø: ca. 2.000 mm lang (Windenwicklung).

Steg (Zeichnung 6)

- **Kiefer 91 × 21 mm:**
  A) 1 Stegplanke 250 mm lang.
- **Kiefer 68 × 15 mm:**
  B) 1 Stegverbinder 100 mm lang.
- **Rundholz 10 mm Ø:**
  C) 10 Stützpfosten 150 mm lang.

Für alle:
Spanplattenschrauben;
wasserfester Holzleim.

1

2

3

4

5

6

1 Dieses Hafenbecken misst 270 × 90 cm. Die Maße sind natürlich je nach räumlichen Verhältnissen veränderbar. Dann ist aber zu berücksichtigen, dass sich viele der angegebenen Maße auch ändern müssen. Für das Becken werden Längs- und Querrahmen (195 mm nach innen versetzt) miteinander verschraubt.

2 Dann die Bodenplatte aus 12 mm dickem Sperrholz mit 200 mm Abstand zu den Enden der Längsrahmen mit der Rahmenkonstruktion verschrauben.

3 Die Folie einlegen und an den Ecken sauber falten. Die überstehende Folie grob abschneiden und durch die Auffütterungen mit dem Rahmen verschrauben.

4 Mit einem sehr scharfen Messer oder einem Cutter die restlichen noch überstehenden Folienteile sauber entfernen. Das Becken hat jetzt eine reale Tiefe von 7 cm. Das ist selbst für kleine Kinder völlig ungefährlich.

5 Die Abdeckungen (je drei pro Stirnseite) kantenbündig auf die überstehenden Längsrahmen schrauben. Dann die beiden Längsabdeckungen exakt zwischen den kurzen Brettern einpassen.

6 Den Landungssteg mit dem Stegverbinder unter die Abdeckung schieben und von oben verschrauben. Einfacher geht das, wenn in den Abdeckbrettern je zwei Löcher vorgebohrt werden.

7 Hier wird gerade Schnellboot Nr. 3 mit Seilwinde und Schlitten aus dem Wasser gezogen, um es in die Werft zu transportieren, während der Segler am Steg vor sich hin dümpelt.

8 Hier passiert genau das Gegenteil: Schnellboot Nr. 2 wurde gerade überholt und ist jetzt wieder fit für den Einsatz. Auch hier sind wieder Seilwinde und Schlitten gefragt. Das Boot wird so weit ins Wasser gelassen, bis es selbst schwimmen kann. Mit der Winde den Schlitten dann wieder ins Trockene ziehen.

9 Das Hafenbecken in seiner ganzen Pracht mit Werft, Bootshäusern, Stegen, Seilwinde, Schlitten und einigen Booten. Der Stein in der Mitte sollte an seiner Unterkante möglich keine scharfen Kanten aufweisen.

Die blaue Folie stammt von einem skandinavischen Anbieter und ist auf dem deutschen Markt vermutlich schwer erhältlich. Eine vollwertige Alternative ist auf jeden Fall eine handelsübliche 0,5 mm dicke Teichfolie.

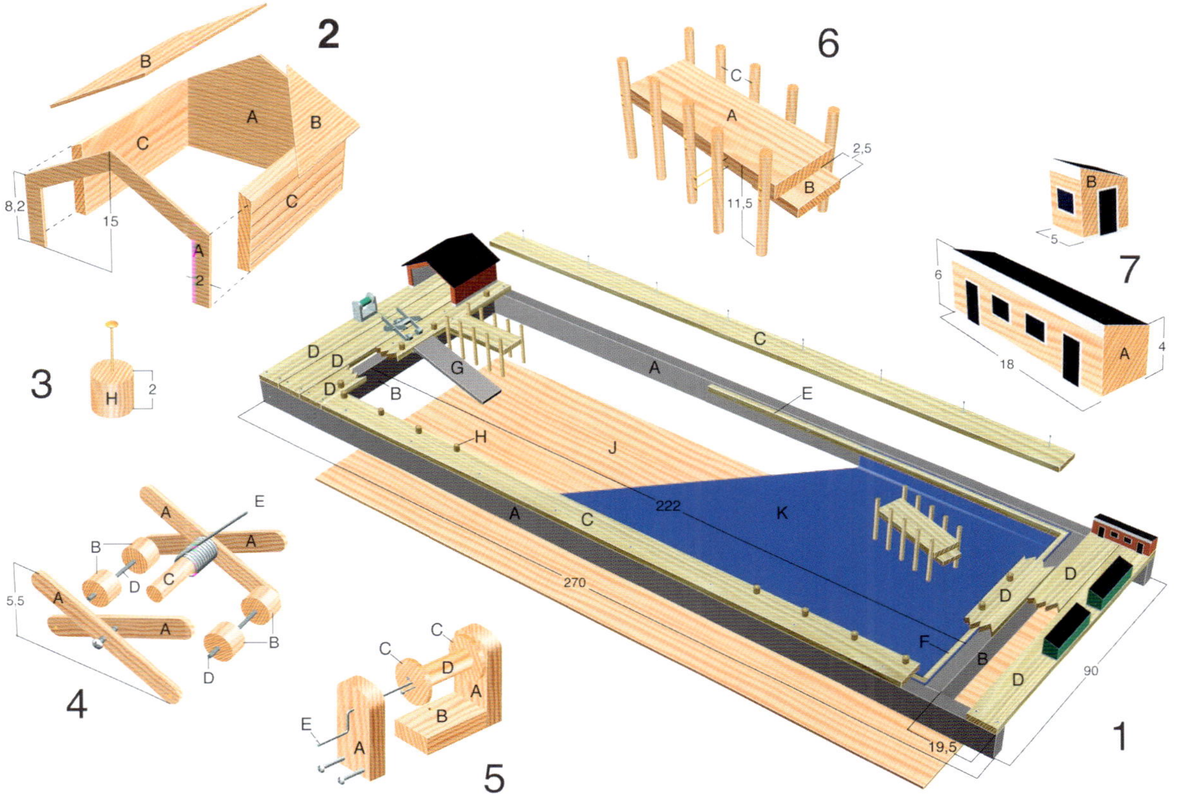

MATERIAL HAFENBECKEN (1)

- **Kiefer 91 × 43 mm:**
  A) 2 Längsrahmen 2.700 mm lang;
  B) 2 Querrahmen 814 mm lang.

- **Kiefer 91 × 21 mm:**
  C) 2 Abdeckungen 2.128 mm lang;
  D) 6 Abdeckungen 900 mm lang.

- **Kiefer 21 × 21 mm:**
  E) 2 Auffütterungen 2.224 mm lang;
  F) 2 Auffütterungen 772 mm lang.

* = wasserfest verleimt

- **Kiefer 91 × 15 mm:**
  G) 1 Rampe 270 mm lang.

- **Rundholz 22 mm ∅ (3):**
  H) 22 Poller 20 mm lang.

- **Sperrholz 12 mm dick*:**
  J) 1 Bodenplatte 310 × 900 mm.

- **Kleinteile:**
  1 Teichfolie 0,5 mm dick, 2.500 × 1.100 mm; Spanplattenschrauben; 22 Ziernägel für Poller; wasserfester Holzleim.

1
2
3

Schiffe zum Hafenbecken

Jetzt steht dem Aufstieg zum Reeder nichts mehr im Weg. Ohne großen Aufwand und für kleines Geld lässt sich eine Flotte aufbauen, die sich sehen lassen kann und von allem etwas zu bieten hat. Sie bringt richtig Leben in den Hafen.

Über ein kleines Hafenbecken mit Steg, Werft und stilgerechten Bootshäusern war auf den vorangegangenen Seiten ausführlich zu lesen. Nun geht's ans Bauen der einzelnen Schiffe. Die Palette reicht vom Fischtrawler bis zum Schnellboot.

Bei den Holzbooten haben alle Modelle den gleichen Rumpf als Basis, einzig die Aufbauten variieren. Der massive Rumpf liegt aber so tief im Wasser, dass nur ein paar Millimeter zu sehen sind. Deshalb empfiehlt es sich, einen 10 mm dicken Hartschaum-Rumpfboden darunter zu kleben – allerdings erst nachdem die Aufbauten montiert sind. Zum Fixieren des Hartschaums unbedingt Kontaktkleber benutzen, sonst löst sich auf Dauer der Hartschaum. Für die Holzaufbauten reicht wasserfester Holzleim. Der Auftrieb durch den Hartschaum ist so groß, dass der Rumpf nahezu plan mit der Wasseroberfläche liegt. So wird vermieden, dass das Schiffsdeck unter Wasser steht, was der Haltbarkeit zugutekommt.

1 Das Bauen der Schiffe macht mehr Spaß, wenn Eltern und Kinder dieses Vergnügen teilen. Eine kompetente Aufsicht beim Umgang der Nachwuchshandwerker mit Werkzeugen (besonders einem Cutter) ist nie verkehrt.

2 Zum Schneiden der Korken für die Segelboote kommt ein Cutter zum Einsatz. Das Teilen der Korken sollte einem Erwachsenen vorbehalten sein, es ist nämlich nicht ganz ungefährlich.

3 Bei den kleinen Segelbooten bilden Korken den Rumpf, Ringbuchfolie dient als Segel – ein preiswerter Spaß. Für ein Boot wird gebraucht: 4 Korken; 1 Rundstab 5 mm ∅, 110 mm lang; 1 Segel 80 × 60 mm; Kontaktkleber; ca. 500 mm Schnur.

4 Mit der Schraube, die an ein Gummiband gekoppelt ist, wird das Band so weit wie möglich »verquirlt«. Dann die Schraube festhalten, das Boot aufs Wasser setzen, ausrichten und loslassen. Volle Fahrt voraus!

Die Aufbauten vor dem Aufkleben mit einem Lack auf Wasserbasis bunt bemalen. Zum Schluss werden die Schiffe zweimal mit farblosem Acryllack gestrichen. Fenster sind aus schwarzer Selbstklebefolie ausgeschnitten, Flaggen aus Ringbucheinlagen.

MATERIAL

Rumpf (Zeichnung 1)

- **Kiefer 91 × 15 mm:** A) 1 Rumpfplatte 170 mm lang.
- **Kiefer 16 × 4 mm:** B) 1 Schraubenlager 45 lang. Rundholz 16 mm ∅; C) 1 Schraubenwelle 20 mm lang; Furnier 0,8 mm dick; D) 2 Schraubenblätter 30 × 15; Hartschaum 10 mm dick; (E) 1 Rumpfboden 200 × 120 mm; 2 Schraubösen (F), ca. 25 mm lang; 2 Scheiben (G), Innen-∅ ca. 4 mm; Gummiband (H) ca. 400 mm lang; 1 Spanplattenschraube (Rundkopf); Kontaktkleber; wasserfester Holzleim.

Fischtrawler (Zeichnung 2)

- **Kiefer 43 × 33 mm:** B) 1 Steuerhaus 27 mm hoch; Viertelstab 12 × 12 mm; C) 1 Einstiegsluke 20 lang; Rundholz 8 mm ∅; D) 1 Mast 135 mm lang; E) 1 Kreuzbaum 80 lang; Rundholz 10 mm ∅; F) *Ölfässer 15 mm lang. 1 Rumpf (A) einschl. einfachem Schraubenantrieb; 5 Schraubösen (J) ca. 25 mm lang; ca. 2 lfd. m Maurerschnur (H); 14 Rundkopfziernägel (G); Kontaktkleber; wasserfester Holzleim.

Schnellboot (Zeichnung 3)

- **Kiefer 43 × 15 mm:** B) 1 Steuerhaus 50 mm lang.
- **Kiefer 16 × 8 mm:** C) 2 Seitenflossen 70 mm lang.
- **Dreieckleiste 21 × 21 mm:** D) 1 Heckreling 83 mm lang.
- **Kiefer 33 × 5 mm:** E) 1 Lukendeckel 27 breit.
- **Kiefer 6 × 4 mm:** F) 2 Relings 30 mm lang.
- **Kiefer 16 × 8 mm:** C) 2 Seitenflossen 70 mm lang. 1 Rumpf (A) einschl. einfachem Schraubenantrieb; 1 Rundkopfziernagel (H) 30 mm lang; 1 Flaggendreieck (G) 35 × 10 mm; Kontaktkleber.

* = Anzahl nach Bedarf

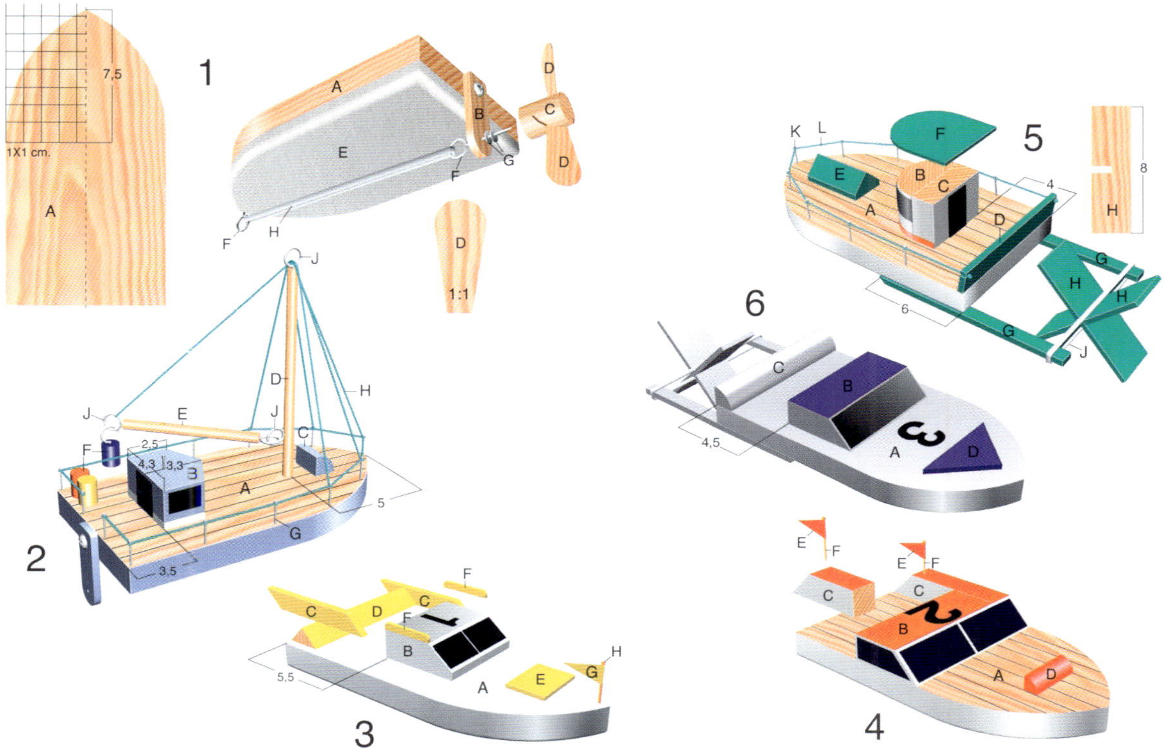

MATERIAL

Schnellboot (Zeichnung 4)

- **Kiefer 43 × 15 mm:** B) 1 Steuerhaus 91 mm lang.
- **Kiefer 15 × 15 mm:** C) 2 Heckseiten 55 mm lang.
- **Viertelstab 9 × 9 mm:** D) 1 Einstiegsluke 35 mm lang. 1 Rumpf (A) ohne Schraube; 1 kleine PET-Flasche; 1 Schraubenwelle 2 mm ∅, 10 mm dick; 2 Rundkopfziernägel (F) 30 mm lang; 2 Flaggendreiecke (E) 35 × 10 mm; Kontaktkleber.

Kutter (Zeichnung 5)

- **Halbrund 43 mm breit:** B) 1 Steuerhausteil 27 mm hoch.
- **Kiefer 43 × 15 mm:** C) 1 Steuerhausteil 27 mm hoch.
- **Kiefer 16 × 4 mm:** D) 1 Heckreling 91 mm lang.
- **Kiefer 21 × 21 mm:** E) 1 Einstiegsluke 45 mm hoch, Sperrholz 4 mm dick; F) 1 Steuerhausdach 50 × 45 mm.
- **Kiefer 43 × 15 mm:** G) 2 Ausleger 120 mm lang.
- **Kiefer 8 × 4 mm:** H) 2 Antriebsblätter 80 mm lang. 1 Rumpf (A) ohne Antrieb und Hartschaum; 9 Rundkopfziernägel (K); ca. 0,5 lfd. m Maurerschnur (L); 1 Gummiband (J) ca. 250 mm lang; Nägel; Kontaktkleber; wasserfester Holzleim.

Schnellboot (Zeichnung 6)

- **Kiefer 43 × 15 mm:** B) 1 Steuerhaus 70 mm lang; Viertelstab 12 × 12 mm; C) 1 Heckreling 91 lang.
- **Kiefer 43 × 15 mm:** D) 1 Lukendeckel 50 × 25 mm. 1 Rumpf (A) ohne Antrieb und Hartschaum; 1 Gummiband (J) ca. 250 mm lang; Nägel; Kontaktkleber.

* = Anzahl nach Bedarf

Dino-Rutsche

Diese ulkige Rutsche wird zum Highlight in jedem Garten: Rutschbahn und Leiter sind auf ein Rahmengestell montiert, flankiert von zwei riesigen Dinos, die den notwendigen technischen »Schnickschnack« generös verschwinden lassen.

Wenn es etwas gibt, das Kinder lieben, dann ist das eine rasante Rutschpartie. Findet die dann auch noch auf dem Rücken eines Tyrannosaurus Rex statt, ist das Vergnügen doppelt groß. Manche Kinder werden sich erst davon überzeugen müssen, ob er nicht beißt. Bei Entwarnung werden sie den Riesen-Dino lieben.

1 Auf einer Sperrholzplatte (2.440 × 1.220 mm) vollflächig ein Rasternetz aufzeichnen (Kästchenmaß 100 × 100 mm) und die Konturen für Körper und Kopf aus der Zeichnung übertragen. Auch die Position und Neigung (45°) der Rutsche markieren. Die Durchmesser der »Höcker« sind alle gleich (270 mm). Mit einer Stichsäge die beiden Teile ausschneiden und die Sägekanten sorgfältig entgraten. Die ausgeschnittene Platte dient jetzt als Schablone für die zweite Platte.

2 Köpfe und Körper verleimen und verschrauben. Die Körperflächen grün rollen und trocknen lassen. Dann »Höcker«, Augen, Nase und Zähne gelb lackieren und die gelben Flecken aufmalen. Die Konturen der Arme und Beine hervorheben.

3 Jetzt folgt der Aufbau des Rahmengestells und der Leiter entsprechend den Zeichnungen.

Die Rutsche ist so sicher konstruiert, wie eine Rutsche nur sein kann. Es ist ja auch nicht nur das Runterrutschen, das zählt. Natürlich ist bei ungeübten Klettermaxen beim Aufsteigen über die Leiter immer Vorsicht geboten. Bei der hier gefundenen Lösung ist der Aufstieg aber so gut wie gefahrlos zu meistern.

Die Rutschfläche selbst besteht aus einer durchgehenden, 4 mm dicken Hartfaserplatte (2.440 × 550 mm). Sie wird an beiden Längsseiten auf mit Winkelverbindern fixierten Querbrettern verleimt und verschraubt. Um die Hartfaserplatte vor allem im Bogen sicher zu befestigen, sind die Schrauben in relativ engen Abständen zu setzen. Die Schraubenreihen werden auf beiden Seiten durch aufgenagelte Leisten kaschiert.

4 Bei vielen im Handel erhältlichen Rutschen liegen die Leitersprossen zu weit auseinander. 15 cm Abstand zwischen den Sprossenachsen ist sinnvoll. Bei diesem Maß ist die Leiter auch für kleinere Kinder problemlos und sicher zu bewältigen.

5 Auch der Weg von der Leiter zur Rutsche ist sicher: Die vier Bretter der Plattform haben jeweils einen Abstand von 25 mm. So können sich Kinder auf dem Weg nach oben in den Bretterfugen festhalten und hochziehen. Außerdem sichern die Dino-Köpfe den Aufenthalt auf der Plattform.

Der Dino ist aber nicht nur zum Rutschen da. Zwischen seinem Bauch und den Beinen ist noch genügend Platz für einen Ausguck. Den Ausblick genießt man dann in stabiler Bauchlage und einigermaßen unsichtbar auf dem Rasen.

MATERIAL

- **Sperrholz 15 mm dick, wasserfest verleimt:**
  2 Platten 2.440 × 1.220 mm (für Körper (A) und Köpfe (B)).
- **Hartfaser 4 mm dick:**
  1 Rutschbahn (C) 2.440 × 550 mm.
- **Druckimprägnierte Kiefer 92 × 21 mm:**
  2 Längsträger (D) 2.910 mm lang; 2 Leiterwangen (E) 1.220 mm lang; 2 Rutschenwangen (F) 1.567 mm lang; 2 Längsträger (G) 640 mm lang; 4 Plattformbretter (H) 550 mm lang; 12 Querbretter und Auflager (J) 508 mm lang; 2 abgerundete Auflager (K) 420 mm lang; 2 abgerundete Auflager (L) 320 mm lang.
- **Kiefer 16 × 6 mm:**
  2 Abdeckleisten (M) 2.440 mm lang.
- **Rundholz 20 mm ∅:**
  6 Leitersprossen (N) 486 mm lang.
- **Kleinteile:**
  10 Winkelverbinder 50 × 50 mm; 12 Schloss-Schrauben M10 × 50 mm; 12 Schloss-Schrauben M10 × 60 mm; je 14 Muttern M10 und Scheiben für M10; Spanplattenschrauben; verzinkte Nägel; wasserfester Holzleim.

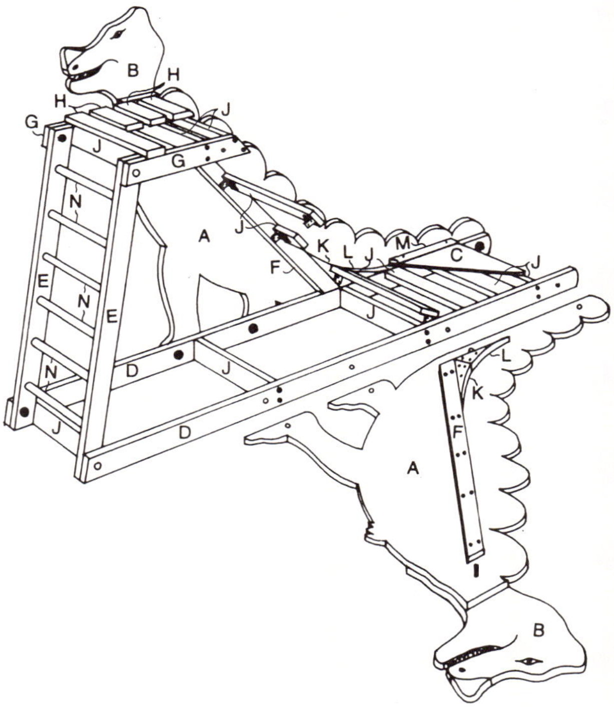

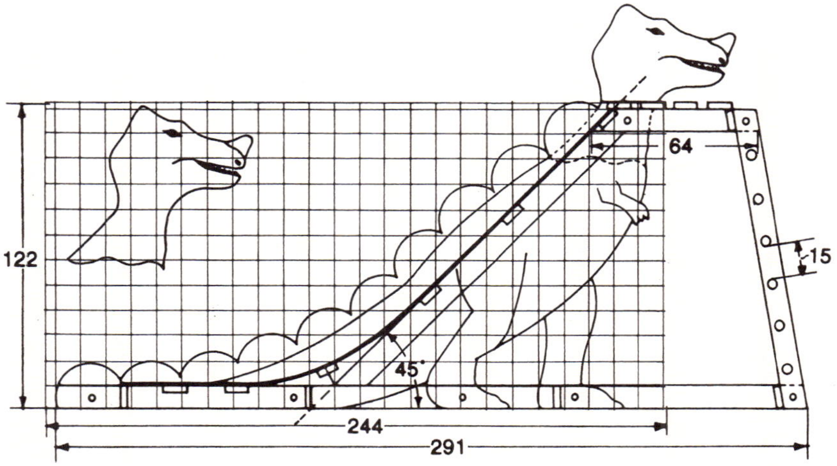

Sandkiste

Das gefällt den Sprösslingen: eine bunte Sandkiste mit einer Plane als Sonnendach, die über Nacht auch zur Abdeckung wird. Mit wenigen Handgriffen ist die Sandkiste vor den Hinterlassenschaften von Hunden und Katzen sicher geschützt.

Zum Bau der Sandkiste empfiehlt sich wasserfest verleimtes Industrie-Sperrholz mit einer Dicke von 22 mm. Wenn beim Planen auch noch darauf geachtet wird, dass möglichst wenig Verschnitt entsteht, ist das Projekt relativ preiswert zu realisieren.

Um die Sandkiste dauerhaft vor Witterungseinflüssen zu schützen, empfiehlt es sich, eine umweltschonende, wasserbasierte Dauerschutz-Holzfarbe zu verwenden. Sie ist wasserabweisend und UV-resistent, blättert nicht ab und reißt auch nicht. Herstellerangaben zufolge soll das Holz damit bis zu sieben Jahre geschützt sein. Dann ist ein neuer Anstrich erforderlich. Das Maisgelb gibt's fertig aus der Dose, den Rosaton muss man selbst kreieren und anmischen.

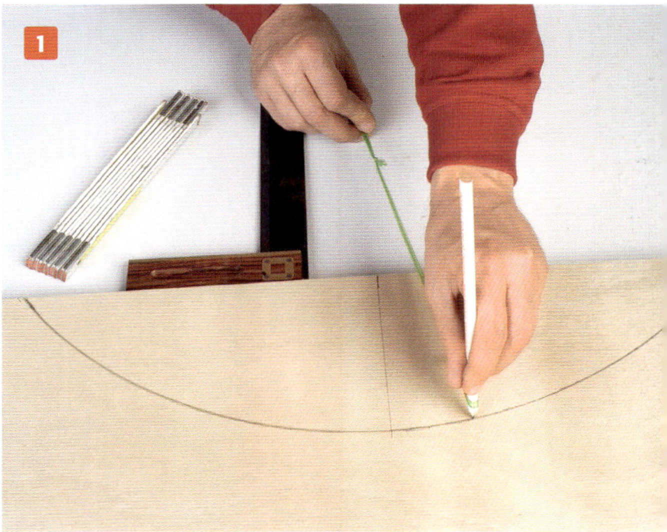

1 Das Sparen trifft beispielsweise auf die beiden Ausschnitte (Einstiegsluken) auf der Vorder- und Rückseite zu: Sie werden später unverändert zu den kleinen Ablagen links und rechts. Der Radius des Kreisabschnitts beträgt 340 mm, die Tiefe in der Platte 150 mm. Das heißt, der Zirkelmittelpunkt liegt 190 mm außerhalb der Sperrholzplatte. Deshalb ist für den Zirkeleinstich eine fixierte Hilfsplatte erforderlich.

2 Entlang der aufgezeichneten Linie mit einer Stichsäge das Teil herausschneiden, die Sägekanten mit Schleifpapier glätten, zwei Vierkantleisten mit Leimzugabe unter die Platte setzen und von oben verschrauben. Die Leisten erleichtern später das Fixieren der Ablagen auf den Kistenseiten.

3 Die versenkten Schraubenköpfe sauber verspachteln und nach dem völligen Durchtrocknen die Oberfläche plan schleifen. Erst danach die Überstände der Leisten kantenbündig mit der Ablage abschneiden und die Schnittkanten sorgfältig schleifen.

4 Damit der Korpus exakt rechtwinklig wird, eine 500 mm lange Hilfsleiste provisorisch diagonal über Eck fixieren. Der rechte Winkel ist gesichert, wenn in beiden Richtungen die Abstände zwischen der Bretterecke und der Leiste absolut identisch sind.

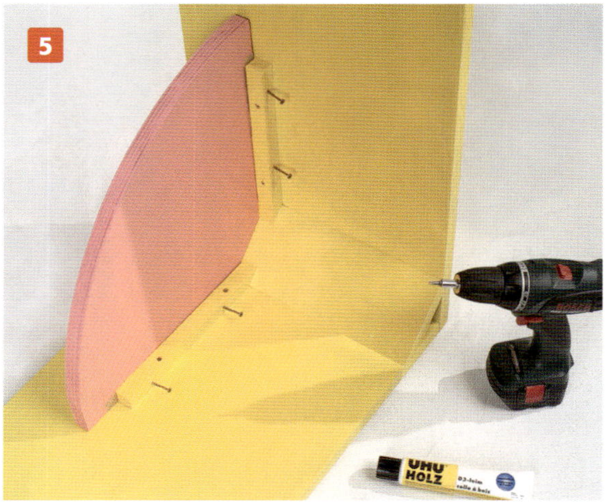

5 Da ja auch Knirpse Komfort zu schätzen wissen, sind alle vier Ecken mit Viertelkreissitzen versorgt. Sie liegen auf Trägerleisten und werden von unten verschraubt. Zuvor ist das Anbringen kräftiger Eckversteifungen erforderlich, um der ganzen Kiste die notwendige Robustheit für ihren Einsatz zu verschaffen. Die Sitzplatten sind dafür ausgespart, die Trägerleisten entsprechend gekürzt.

6 Das Einstecken des Dachträgers in die Ecke. Die Kistenwände und die verschraubte Eckversteifung geben den Rundhölzern ausreichend Halt. Hier ist auch gut die Aussparung in der Sitzfläche zu erkennen.

7 In das obere Ende der Rundhölzer Dübel ∅ 6 × 30mm einleimen, die Plane einhängen und die lackierte Holzkugel überstülpen.

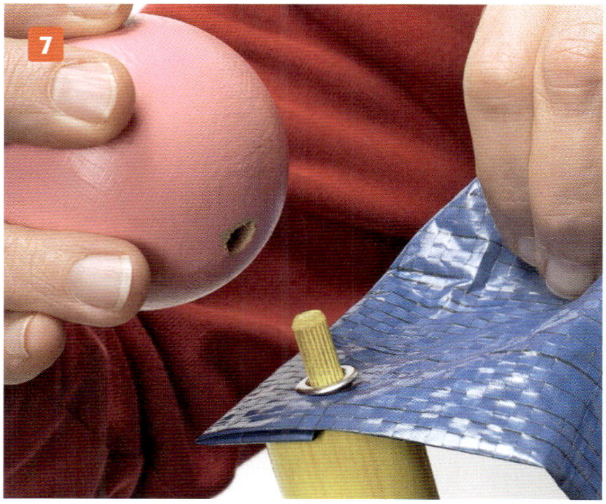

8 Das Dach, eine Allzweckplane aus reißfester, witterungsbeständiger PE-Gewebefolie, ruht auf vier Rundhölzern. Soll die Kiste bei Nichtgebrauch abgedeckt werden, einfach die Rundhölzer herausnehmen und die Plane mittels Schraubösen und Kunststoffseilen am Korpus befestigen.

MATERIAL

- **Industrie-Sperrholz (z. B. Okoumé), wasserfest verleimt (AW 100), 22 mm dick:**
  je 2 Seitenwände 1.400 × 400 mm und 1.356 × 400 mm; 4 Ecksitzplatten 400 × 400 mm; 4 Eckversteifungen 400 × 132 mm; 4 Führungsleisten 40 × 30 mm (Ablagen), 600 mm lang (Rohmaß – bei Montage an die Konturen der Ablagen anpassen); 8 Trägerleisten (Ecksitzplatten), 230 mm lang.
- **Rundholz 35 mm ∅:**
  4 Dachträger 1.500 mm lang.
- **Kleinteile:**
  1 Allzweckplane 3.000 × 2.000 mm; 4 Holzkugeln 70 mm ∅; Kunststoffseil 3 mm ∅; 4 Schraubösen ∅ 3 × 20 mm; Spanplattenschrauben; Holzdübel ∅ 6 × 30 mm; wasserfester Holzleim.

Klappbarer Kaninchenstall

Der Trend zum Zweitwohnsitz im Grünen hält unvermindert an – auch in Kaninchenkreisen. Wer etwas auf sich hält, residiert im transportablen Open-Air-Domizil. Sollte Bunny jedoch unbeobachtete Freiheitsgelüste hegen, verhindert das der Maschendraht, der an den Bodenrahmen getackert ist.

Landluft macht Appetit: Bunny schmeckt's unter freiem Himmel noch mal so gut. Ist ja auch verständlich. Die schönsten Wochen des Jahres will schließlich nicht nur die Familie gern im Grünen verbringen – Kaninchen, Hamster und Meerschweinchen wissen diesen Luxus ebenso zu schätzen.

Um ein Ausbüchsen zu verhindern, wird auch der Bodenrahmen mit Maschendraht bespannt. Der Rahmen ist so bemessen, dass er genau unter den Käfig passt. Kunststoff-Fixierungen verbinden den Boden mit den Giebelseiten, sodass er beim Transportieren mit dem Käfig verbunden bleibt.

Aufgebaut ist der Käfig aus zwei identischen rechteckigen Rahmenelementen und zwei dreieckigen, in 90° zueinander stehenden Giebelrahmen. Jeder für sich ist wasserfest verleimt und verschraubt. Seiten- und Giebelrahmen sind durch Scharniere miteinander verbunden. Im »Gebrauchszustand« fixieren zwei diagonal gegenüberliegende Schloss-Schrauben, Scheiben und Flügelmuttern die Konstruktion.

1 Kommt dieses moderne Freiluftgehege nicht im Garten zum Einsatz, lässt es sich platzsparend zusammenklappen und in Keller oder Garage an die Wand hängen. Den fertigen Kaninchenstall setzt man auf einen Bodenrahmen und fixiert ihn mit Flügelmuttern.

2 Beim Abbauen wird diese Verbindung wieder entfernt und das ganze Gebilde samt Stirnseiten ganz einfach zusammengeklappt.

3 Der Kaninchenstall ist so leicht, dass ihn auch Kinder transportieren können. Nicht nur von drinnen nach draußen und umgekehrt, sondern auch innerhalb des Gartens. Beispielsweise dann, wenn das entsprechende Rasenstück mittlerweile abgegrast ist.

4 Alle Teile werden mit lösemittelfreien Holzschutzmitteln behandelt. Die infrage kommenden Elemente mit rotem Lack, der Rest mit transparenter Lasur.

5 Mit einem Seitenschneider alle Maschendrahtstücke zurechtschneiden und mit ausreichend vielen Krampen auf den Rahmen fixieren.

6 Als Vorsorge für heiße Tage ist ein Teil der Konstruktion schattenspendend abgedeckt. Schließlich können die Bewohner nicht einfach ihr Fell abstreifen. Der prallen Sonne sollten sie über längere Zeit nicht ausgesetzt sein. Das vordere Dachteil ist klappbar und damit gleichzeitig Zugang zum Käfig.

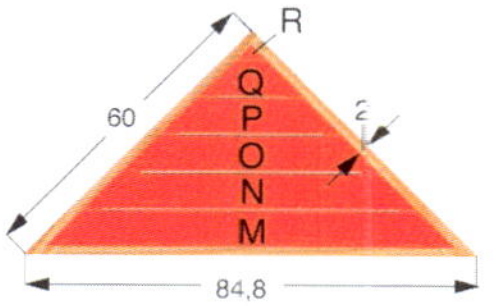

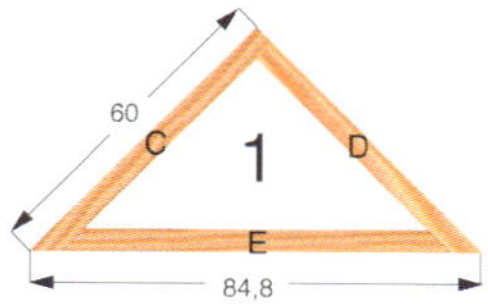

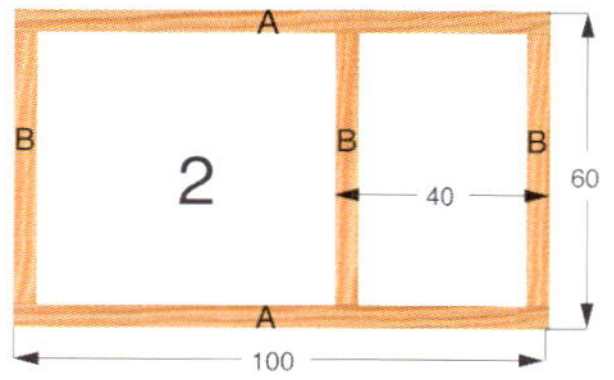

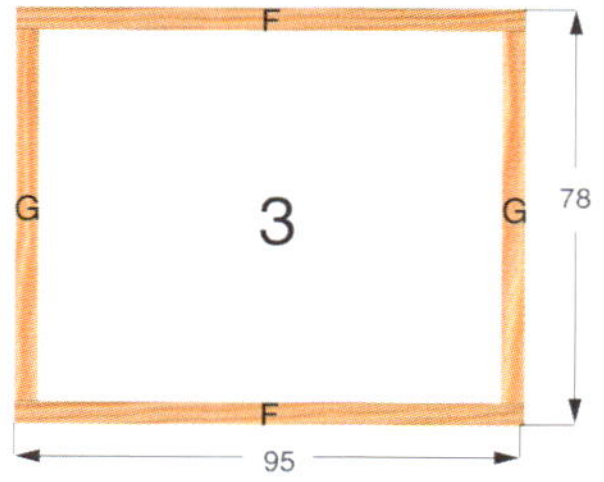

MATERIAL

■ **Kiefer 43 × 21 mm:**

A) 4 Rahmenleisten 1.000 mm lang;
B) 6 Rahmenleisten 514 mm lang;
C) 2 Rahmenleisten 600 mm lang;
D) 2 Rahmenleisten 557 mm lang;
E) 2 Rahmenleisten 727 mm lang;
F) 2 Rahmenleisten 950 mm lang;
G) 2 Rahmenleisten 694 mm lang;
H) 2 Trägerleisten 415 mm lang.

■ **Kiefer 21 × 21 mm:**

J) 1 Firstleiste 1.000 mm lang.

Nurdachhaus mit Rutsche

Glücklich ist, wer ein Spielhaus im Garten hat. Handelsübliche Exemplare sind meist ziemlich langweilig anzusehen. Die Lösung: dieses exquisite Nurdachhaus mit Privatrutsche und Gartenblick.

Das um 45° geneigte Dach ruft geradezu nach einer Rutsche. Das möglicherweise größere Abenteuer wird sein, im Haus auch mal zu übernachten. Denkbar auch: die Nutzung als Gästequartier.

Da die Vorbereitungs- und Montagearbeiten einige Zeit in Anspruch nehmen und am besten direkt draußen stattfinden, wäre dazu eine anhaltende Schönwetterphase sehr hilfreich.

Es gilt, das Haus so anzulegen, dass die rechtmäßigen Bewohner ihm nicht schon morgen entwachsen sind.

1 Als Ausguck fungiert ein der Dachschräge angepasstes quadratisches Fenster, das genügend Licht hereinlässt und auch der Kommunikation mit der Außenwelt dient.

2 Der Zugang befindet sich auf der Rückseite des Hauses. So stört er nicht auf der dem Garten zugewandten Seite. Die Sitzhöhe von knapp 50 cm ist komfortabel.

3 Zur Rutsche geht's über die Leiter auf der anderen Dachseite. Die Leitersprossen sind beidseitig gut 10 mm in die Wangen eingelassen und so auch sicher verankert.

Es ist sinnvoll, die drei Hauptelemente fertigzustellen, bevor es an die Fundamente geht. Deren Position ergibt sich, indem die beiden Giebelelemente provisorisch, aber parallel und im richtigen Abstand zueinander aufgestellt werden. Damit liegen die Positionen der Eckpfosten fest und die der mittleren Pfosten ergeben sich daraus. Sie liegen mittig zwischen den beiden Eckpfosten.

Notwendig sind Punktfundamente, die die sechs Stützpfosten aufnehmen. Ein Erdlochbohrer hilft dabei. Jedes Loch muss 80 cm tief sein. Stützpfosten einsetzen und das Loch für die Drainage mit Kies auffüllen. Alle Pfosten mit Längs- und Querbrettern untereinander verbinden (auf alle Senkrechten achten) und den Kies feststampfen. Pfosten 91 cm über dem Boden ablängen.

5 Hier die fertigen Hauptelemente der Dachkonstruktion. Der Weg dahin: Am First die vorgebohrten Sparren mit langen Spanplattenschrauben verbinden. Pro Element die Querträger verschrauben. Im vorderen Giebel die Stütz- und Diagonalstreben montieren. Entsprechend dazu auf der Rückseite die Stützstrebe verschrauben. Sie bildet zugleich Türrahmen und -anschlag.

6 Alle Beplankungsbretter überstehend aufnageln. Dann entlang der vom Rahmen vorgegebenen Dachschräge exakt ablängen und anschließend alle Sägekanten mit Schleifpapier behandeln.

7 Das Fenster so ausschneiden, dass die Beplankung um 40 mm nach innen übersteht. Rahmenleisten der beiden kleinen Fenster ablängen, Fensteröffnungen ausschneiden und die Rahmen unter Leimzugabe und Schrauben montieren.

8 Die Giebelelemente auf die Querbretter setzen und mit den Pfosten verschrauben. Die beiden Querträger unten haben die gleiche Dicke wie der Rahmen der beiden Giebeldreiecke.

9 Mithilfe einer langen Richtlatte lässt sich überprüfen, ob sich das mittlere Element genau in der Flucht mit den beiden Giebelelementen befindet.
Die Bodenbretter zwischen den Sparren auf die Querträger nageln. Abstandshalter garantieren gleichmäßige Abstände zwischen den Brettern.

10 Trägerlatten oben bündig zwischen den Sparren verschrauben. Die Dachplatten vor dem Verschrauben exakt mit Zwingen fixieren und befestigen.

11 Mit Zwingen ist auch die erste Dachpappebahn zu fixieren, bevor sie mit Dachpappenägeln auf der Dachkonstruktion dauerhaft befestigt wird. Die nächste Bahn überlappend aufnageln und die Überlappung mit Bitumen-Dachabdichter versiegeln.

12 Den First mit dem Rest der Dachpappe abdecken und versiegeln. Die Abdeckbretter mit Zwingen fixieren und mit den Aufdoppelungen verschrauben. Auf der Rückseite eine schmale Bitumennaht ziehen und die Dreiecksleisten an die Abdeckbretter nageln.
Die Rutsche zunächst mit Zwingen fixieren und auf der anderen Seite die Leiter zwischen den überstehenden Wangen der Rutsche auf dem Dach platzieren.
Oben die fixierten Wangen und die Holme verschrauben. Die Überstände kappen und die Kanten und Spitzen mit einem Bandschleifer abrunden.

Die Nurdach-Version eines Kinderhauses spart eine Menge Material, da die Wände entfallen. Aus ihr ergibt sich eine Raumhöhe von 140 cm. Das bedingt natürlich Schrägen, aber gerade die machen den Reiz dieses Schmuckstücks aus. Zudem gestatten sie die Erfüllung eines jeden Kindertraumes: der Rutsche.

Ist mal von der Rutsche »genug«, lässt sie sich leicht entfernen. Leiter und Rutsche sind nämlich nur untereinander, aber nicht mit dem Haus verbunden.

Da das Haus auf Stelzen steht, ist es weitgehend vor Feuchtigkeit geschützt. Dennoch sollte eine wetterfeste Oberflächenbehandlung mit lösemittelfreien Holzschutzmitteln obligatorisch sein. Bei diesem Nurdachhaus bietet sich eine Kombination aus transparenter Lasur und weißem Lack an.

MATERIAL

- **Kiefer 43 × 21 mm:**
  N) 4 Aufdoppelungen 1.960 mm lang.
- **Kiefer 45 × 45 mm:**
  O) 4 Dreiecksleisten 2.100 mm lang.
- **Kiefer 43 × 15 mm:**
  P) 4 Rahmenleisten 333 mm lang;
  P1) 2 Rahmenleisten 376 mm lang;
  Q) 1 Tür-Diagonalstrebe 750 mm lang;
  R) 1 Tür-Rahmenleiste 1.285 mm lang;
  S) 1 Tür-Rahmenleiste 500 mm lang;
  T) 1 Tür-Rahmenleiste 1.135 mm lang.
- **Kiefer 15 × 15 mm:**
  U) 8 Glasleisten 290 mm lang;
  V) 4 Glasleisten 610 mm lang.
- **Sperrholz 15 mm dick:**
  Y) 8 Dachplatten 2.000 × 1.220 mm.

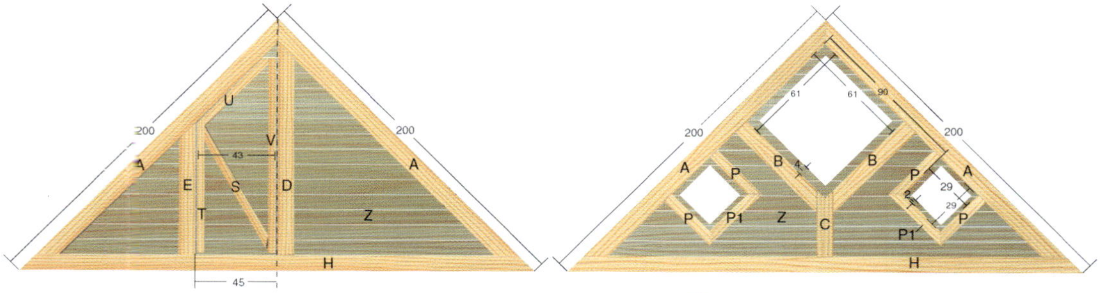

MATERIAL

- **Kiefer 91 × 21 mm:**

  A1) 4 Wangen 2.850 mm lang;

  B1) 4 Querbretter 500 mm lang.

- **Kiefer 21 mm ∅:**

  C1) 9 Leitersprossen 463 mm lang.

- **Hartfaser 3,2 mm dick:**

  D1) 1 Rutschfläche 2.440 × 500 mm.

- **Druckimprägnierte Kiefer 19 mm dick (Z), Deckbreite ca. 86 mm:**

  ca. 53 lfd. m für die Beplankung der Giebelwände.

- **Kleinteile:**

  ca. 12 m² Dachpappe mit Kleber und Dachpappenägeln; Acrylglas 3 mm dick: 1 × 600 × 600 mm und 2 × 280 × 280 mm; 2 Scharniere (Tür), geöffnet 100 × 50 mm; 1 Türriegel; Spanplattenschrauben; wasserfester Holzleim.

Maulwurfspiel

Im Garten sind die Wühler nicht wirklich gerne gesehen, weil sie über Nacht eine gepflegte Rasenfläche völlig zerstören können. Aber auf dem Rasen kann ein Spielchen mit den bösen Buben ganz lustig sein. Vor allem, wenn die Typen so pfiffig aussehen wie die hier gezeigten Exemplare.

1 Das erforderliche Material für dieses Gartenspiel hält sich wirklich in Grenzen: 1 Sperrholzplatte, 6 mm dick und 50 × 50 cm groß; Hanfseil (50 cm lang pro Ring – jeder Spieler erhält drei Ringe); Leim oder Kleber; Pappkeile als Erdspieße; Zierbast; Bastelfarben; Klarlack; wasserfester Filzstift.

2 Die Maulwürfe (ohne Spieß) sind etwa 12 cm breit und 12 cm hoch. Zeichnen Sie sich ein Raster von 3 × 3 cm auf, so können Sie die Malvorlage problemlos proportionieren. Fertigen Sie eine Schablone für die Erdspieße an, damit sie später die gleiche Größe haben.

3 Die Maulwurf-Motive mithilfe von Kohlepapier direkt auf die Holzplatte übertragen und vorsichtig mit einer Laubsäge ausschneiden. Die Sägekanten mit feinkörnigem Schleifpapier (240er) brechen, von beiden Seiten bemalen und die Erdspieße ankleben.

Vor dem Transport zur »Arena« sollten die Farben der Spielfiguren völlig durch- und abgetrocknet sein. Gleiches gilt für die Verbindung zwischen Figur und dem zugehörigen Erdspieß.

Dann werden die Figuren in den Rasen gesteckt. Sie sollten nicht zu nah beieinander-, aber auch nicht zu weit auseinanderstehen. Schließlich müssen die Kinder sie mit ihren Ringen mühelos erreichen können.

Die Spielregeln sind wirklich simpel:

Mit drei Ringen versucht jeder Spieler, so viele Figuren wie möglich zu »beringen«. Sieger ist, wer die meisten Figuren erwischt hat.

Der Haken: Wer denselben Maulwurf mit einem zweiten Ring beehrt, wird disqualifiziert. Kein Grund für Depressionen, das Spiel geht weiter.

Reifenschaukel

Oh, Schreck, schon wieder müssen neue Reifen fürs Auto gekauft werden? Der Nachwuchs kann sich freuen, wenn bei dieser Gelegenheit ein neues Spielgerät für ihn abfällt! Es macht einen Riesenspaß, an der Reifenschaukel herumzuturnen. Und – der alte Reifen muss nicht auch noch entsorgt werden.

Reifenschaukeln gibt es in unzähligen Varianten: Horizontale mit zwei oder vier Aufhängungen, vertikale mit einem oder zwei Seilen, Exemplare bestückt mit Netzen oder Metallscheiben, ja sogar Schaukelreifen mit den unterschiedlichsten Tiermotiven. Hier ist die Wahl auf die vertikale Reifenschaukel mit einer Aufhängung gefallen – einfach, aber gut.

Der Hauptbestandteil der Schaukel ist ein gebrauchter Reifen. Es empfiehlt sich, ihn vor seinem Einsatz vom Straßenschmutz zu befreien (etwas Wasser und Generalreiniger sollten reichen). Der knautschfähige Reifen ist bei normalem Gebrauch für Kinder ungefährlich. Trotzdem sollte zu Anfang die Aufsicht durch einen Erwachsenen gewährleistet sein. Der wird ohnehin bei der Montage der Aufhängung gebraucht.

Auch Aufhängungen gibt es in zahlreichen Ausführungen im Handel. Alle Qualitätsprodukte haben eines gemeinsam: die zertifizierte und garantierte Sicherheit. Fehler kann man beim Aufhängen nur machen, wenn die Montageanleitung ungelesen bleibt. Die Aufhängungen selbst sind nämlich mittlerweile so weit ausgereift, dass sie allen Sicherheitskriterien gerecht werden.

Verwendet werden beispielsweise PH-Seile (PH steht für »Polyhemp«) mit einem Durchmesser von 12 mm. Sie bestehen aus einem kurz gesponnenen synthetischen Garn mit Beige als Standardfarbe. Trotz Synthetik sieht das Material sehr natürlich aus, ist witterungsbeständig und handfreundlich.

Da Sicherheit das oberste Gebot bei diesem Spielgerät ist, sollte auf eine komplette Eigenkonstruktion möglichst verzichtet werde. Selbst wenn ein vermeintlich geeignetes Seil zur Verfügung steht – eine geprüfte Aufhängung ist mehr als empfehlenswert.

Interessante Varianten zu dem hier vorgestellten Modell sind in vielen Ausführungen im Handel erhältlich. Eine davon ist eine Reifenschaukel mit Aluminium-Stehfläche. Sie eignet sich durch ihre Robustheit und das tragfähige Kletterseil auch für wilde Klettereien und ausgelassenes Herumtoben. Der Gummireifen sollte – obwohl widerstandsfähig – ein weiches Polster beim Toben sein.

Sofern kein Hängegestell zu Verfügung steht, muss der gute alte, aber stark belastbare Ast eines Baums herhalten. Der Reifen sollte nicht zu hoch über dem Boden hängen, um möglichen Verletzungen beim Herunterfallen vorzubeugen. Natürlich muss ein freies Schaukeln ohne Bodenberührung möglich sein.

MATERIAL

- 1 gebrauchter Autoreifen
- 1 zertifizierte Aufhängung (z. B. mit PH-Seilen)
- 1 tragfähiger Ast (alternativ: 1 Hängegestell)

Rosa Kinderhaus

Dieses Traumhäuschen präsentiert sich in der Lieblingsfarbe unzähliger kleiner Mädchen. Der Pfahlbau steht auf einer stabilen Basis aus geschälten Rundpfählen. Eine Rahmenkonstruktion bildet das Skelett des Häuschens. Natürlich gehört eine Veranda dazu.

Die Farbwahl hat hier ihren Grund: Schließlich gehört das Märchen von Schneeweißchen und Rosenrot zu Kathrins (im Bild) liebsten. Wobei für die Kleine feststeht, dass Rosenrot natürlich nichts anderes als Rosa bedeuten kann.

Sei's drum. Bevor das Prinzesschen seine Zuckerbäckervilla beziehen darf, ist erst mal ganz profane Arbeit angesagt – zwar nicht für sie selbst, aber für ihren Vati. Und der sorgt erst einmal dafür, dass später keine Bodenfeuchtigkeit in das Häuschen eindringen kann.

Also baut er zunächst eine etwa 30 Zentimeter hohe Unterkonstruktion aus geschälten, angespitzten Rundpfählen. So ist zum einen für die notwendige Luftzirkulation gesorgt, zum anderen erhöht das den Spielwert ganz erheblich. Vor allem deshalb, weil das Podest größer als die Grundfläche des Hauses bemessen ist und somit noch Platz für eine hübsche, kleine Veranda bietet, die später auch von einem richtigen Staketenzaun eingefasst wird.

Selbstverständlich lässt sich das Spielhaus auch auf einer ebenen, waagerechten Fundamentplatte beispielsweise

aus Estrichbeton aufbauen. Dann ist aber vor Beginn der Holzarbeiten das Fundament komplett mit einer wasserundurchlässigen Folie abzudecken. Sie verhindert, dass aufsteigende Feuchtigkeit in den Holzaufbau des Kinderhauses eindringen kann und zu unerwünschter Fäulnis und Schimmelbildung führt.

1

4

2

5

3

6

1 Die sechs Holzpfähle 60 cm tief in den Boden treiben. Die beiden vorderen müssen 80 cm herausstehen, die restlichen vier je 30 cm. In diesem Fall besteht das Holz aus druckimprägnierter Kiefer.

2 Mit einer Richtlatte die Positionen der Längs- und Querträger festlegen. Den äußeren Rahmen von innen mit den Pfählen verbinden (Spanplattenschrauben). Dann die beiden inneren Längsträger ausrichten und ebenfalls verschrauben. Eventuell das Übermaß der vier Pfähle bündig mit einem Fuchsschwanz entfernen.

3 Die 21 Bodenbretter auf 1.520 mm ablängen und auf die Unterkonstruktion nageln oder mit ihr verschrauben. Dabei beim vordersten Brett an beiden Enden Aussparungen für die hohen Pfähle vorsehen.

4 Die Rahmenskelette bestehen aus Kieferleisten (30 × 20 mm). Lediglich die vier Eckpfosten an den Giebelwänden (Winkel = 120°) haben einen Querschnitt von 30 × 30 mm.

5 Das Beplanken aller Rahmen erfolgt mit einseitig gerundeten Blockhausbrettern. Die Bretter nach Erfordernis zuschneiden und auf die Rahmen nageln. An den Giebelseiten schließen sie kantenbündig ab. An den Längsseiten stehen sie 3 cm über. Die Rahmenmaße sind so gewählt, dass die Anzahl der Bretter genau aufgeht und an den Kanten der Tür und der Fenster keine Aussparungen erforderlich sind.

6 Zwei Firstdreiecke zur Dachneigung passend ausschneiden und zunächst mit den Giebelspitzen und dann mit den beiden Firstleisten verbinden.

7 Jetzt alle vorbereiteten Wandelemente mit den Bodendielen verschrauben. Wenn die vier Elemente exakt kantenbündig befestigt wurden, ergeben sich alle vier rechten Winkel von selbst.

8 Die Dachplatten aus wasserfest verleimtem Sperrholz mit den Firstleisten und den Oberkanten der Giebel verschrauben. Danach die vier Dachleisten unterschrauben. Die Hausecken mit Eckleisten kaschieren.

9 Nun folgen die vier Giebel- und die beiden Traufbretter. Wer will, kann hier jeweils an den Unterkanten mit einer Stichsäge Verzierungen einschneiden. Eine Schablone ist bei diesem Arbeitsschritt hilfreich. Zum Befestigen der Bitumenbahnen dient ein handelsüblicher Spezialkleber. Zusätzlich werden sie an den Traufseiten mit Dachpappennägeln fixiert.

10 Nun sind die beiden Fensterrahmen dran: Vorbereitete Leisten verschrauben, die Ecken mit quadratischen Flachwinkeln verstärken und die 2 mm dicken Acrylglasplatten aufschrauben.

11 Für ein Zaunteil die Latten in gleichmäßigen Abständen auf die Trägerlatten legen und verschrauben. Beide Zaunteile mit den Pfählen und dem Haus verbinden. Es empfiehlt sich, das Haus vor der Montage von Fenstern, Tür und Zaun zu streichen.

MATERIAL

- **Kiefer 30 × 20 mm (druckimprägniert):**
  2 Rahmenleisten 1.520 mm lang; 2 Rahmenleisten 450 mm lang; 4 Rahmenleisten 1.290 mm lang; 4 Dachleisten 890 mm lang; 8 Rahmenleisten 918 mm lang; 4 Rahmenleisten 1.240 mm lang; 4 Rahmenleisten 480 mm lang; 2 Firstleisten 1.210 mm lang; 4 Fensterleisten 470 mm lang; 4 Fensterleisten 410 mm lang; 2 Türleisten 970 mm lang; 2 Türleisten 440 mm lang.
- **Kiefer 30 × 30 mm (druckimprägniert):**
  4 Rahmenleisten 934 mm lang.
- **Kiefer 20 × 20 mm (druckimprägniert):**
  4 Dachleisten 1.520 mm lang;
  4 Fensterleisten 404 mm lang.
- **Kiefer 12 × 12 mm (druckimprägniert):**
  8 Anschlagleisten 480 mm lang.
- **Kiefer 30 × 20 mm (druckimprägniert):**
  4 Eckleisten 980 mm lang.
- **Kiefer 45 × 10 mm (druckimprägniert):**
  3 Türrahmenbretter 2.800 mm lang*.
- **Kiefer 20 × 20 mm (druckimprägniert):**
  4 Dreikantleisten 1.040 mm lang.
- **Kiefer 90 × 20 mm (druckimprägniert):**
  4 Giebelbretter 1.180 mm lang; 2 Traufbretter 1.530 mm lang.
- **Sperrholz 15 mm dick (wasserfest verleimt):**
  2 Dachplatten 1.530 × 1.100 mm; 2 Traufbretter 410 × 120 mm.
- **Kiefer ∅ 70 mm (druckimprägniert):**
  4 Pfähle 1.100 mm lang; 2 Eckpfähle 1.600 mm lang.
- **Kiefer 90 × 20 mm (druckimprägniert):**
  2 Längsträger 2.100 mm lang; 2 Längsträger 1.960 mm lang; 2 Querträger 1.338 mm lang; 21 Längsträger 1.520 mm lang; 1 Trittstufe 870 mm lang.
- **Kiefer 45 × 20 mm (druckimprägniert):**
  2 Trägerlatten 1.380 mm lang; 2 Trägerlatten 730 mm lang; 2 Zaunlatten 470 mm lang.
- **Kleinteile:**
  ca. 75 lfd. m Blockhausbretter 15 mm dick, Deckbreite 80 mm;
  1 Rolle Dachpappe, 6 m lang; Dachpappennägel;
  8 Eckflachwinkel 100 × 15 × 1,5 mm;
  4 Scharniere und 2 Sturmhaken für die Fenster;
  1 Magnetschnäpper für die Tür;
  1 Türgriff; 2 Scharniere für die Tür;
  2 Konsolen für die Stufe;
  2 Acrylglas-Platten 2 mm dick, 440 × 440 mm;
  Spanplattenschrauben; verzinkte Nägel.

* = bei Montage anpassen

Wikinger-Wippe

Eine traditionelle Bohlenschaukel wirkt einfach nur langweilig gegen dieses Unikat: eine einem Wikingerschiff nachempfundene Spaßlösung. Dass sie gerade am Strand steht, ist eine nostalgische Reminiszenz an die Seefahrer. Ihr Stammplatz ist auf jeden Fall der heimische Garten.

Da Schaukel und Bock lösbar miteinander verbunden sind, ist ein kleiner Umzug vom Garten zum Strand (sofern einer in der Nähe ist) und umgekehrt überhaupt kein Problem. Allerdings wären dann ein paar kräftige Hände sehr hilfreich.

Sicherheit geht vor: Die Konstruktion ist so aufgebaut, dass auch Kleinkinder die Schaukel gefahrlos benutzen können. Natürlich ist die Aufsicht durch einen Erwachsenen immer obligatorisch.

Der transportable Bock hat den großen Vorteil, dass sich seine Höhe zwischen etwa 350 und 500 mm verstellen lässt. So ist es möglich, dass auch kleinere Kinder die Schaukel selbstständig »entern« können. Die Schaukel selbst steht in jeder gewählten Höhe absolut sicher.

Der stolze Wikinger auf seiner Schaukel in »schwindelnder Höh«. Da die Schaukel eine Länge von etwa dreieinhalb Metern hat, kann es schon ganz schön hoch hinausgehen.

Das besondere Design der Schaukel ist sicherlich eine willkommene Bereicherung für den Spielbereich der Kinder im heimischen Garten (oder wie hier auch an einem Strand). Sie braucht natürlich einigen Platz. Aber bei dem Vergnügen, das sie immer wieder bietet, drückt man sicher gern ein Auge zu.

Kein Auge zudrücken sollte man hingegen beim Planen eines solchen Spielgeräts bezüglich der Sicherheit für Kinder. Im Gegensatz zu manchen käuflichen Wippen-Exemplaren wurde bei diesem Modell daran gedacht, dass – bei den enormen Kräften, die beim Benutzen auftreten – keine Gefahr für Kinderhände und -füße besteht.

Gelöst wurde dieses Problem durch einen ausreichenden Abstand (je 5 cm auf beiden Seiten) zwischen dem Schaukelkorpus und dem Lagerbock. So können Ihre Kinder sorgenfrei die Wippe »stürmen«!

1

2

3

4

5

6

1 Der Bock ist aus zwei identischen Teilen aufgebaut. Sie werden bei der Montage mit dem zuvor im Schaukelkorpus fixierten Achsbolzen verbunden. Am Boden verhindern zwei Ketten das ungewollte Auseinanderdriften der Bockschenkel. Die Ketten werden durch je zwei Schraubösen gehalten.

2 Auf der wasserfest verleimten, 15 mm dicken Sperrholzplatte ein Rasternetz aus 50 × 50 mm großen Kästchen anlegen. Eine Seite braucht 12 Kästchen in der Reihe, also insgesamt 600 mm, die Querseite 11 Kästchen, also 550 mm. Darauf – wie auf dem Bild zu sehen oder nach eigenem Entwurf – den Schaukelkopf und die Sitzplatte aufzeichnen, mit einer Stichsäge aussägen und die Schnittkanten entgraten. Das Ganze wird natürlich zweimal gebraucht.

3 Die beiden langen Seiten der Schaukel bestehen aus Kieferbrettern (42 × 15 mm). Beide Bretter werden gemeinsam bearbeitet. Exakt übereinander legen, mit Zwingen fixieren und die erforderlichen Bohrungen einbringen: je vier für die Köpfe, je zwei für die Griffhalter, vier für die mittleren Distanzstege und eine für das Aufnahmerohr in der Mitte. Anschließend an beiden Enden die Konturen der ausgeschnittenen Köpfe anzeichnen und die Überstände abschneiden.

4 Das Aufnahme- und gleichzeitige Führungsrohr für den Gewindebolzen kann aus Alu oder verzinktem Stahl bestehen. Wenn es exakt mittig sitzt, wird es von innen mit je einer kleinen Schraube gegen »Verrutschen« und Mitdrehen gesichert.

5 Nachdem die Köpfe, die Griffhalter mit den eingelassenen Rundholz-Griffen und die mittleren Distanzstege verankert sind, folgen die vorbereiteten Sitzplatten.

6 Die letzten Holzarbeiten an der Schaukel: das Aufnageln der Abdeckplatte, die auf beiden Seiten exakt an den Griffhaltern endet. Die Kontur ist vorher genau den Kurven der Seitenwände anzupassen. Abschließend werden die runden Schilde (140 mm ∅) am Schaukelkorpus verschraubt.

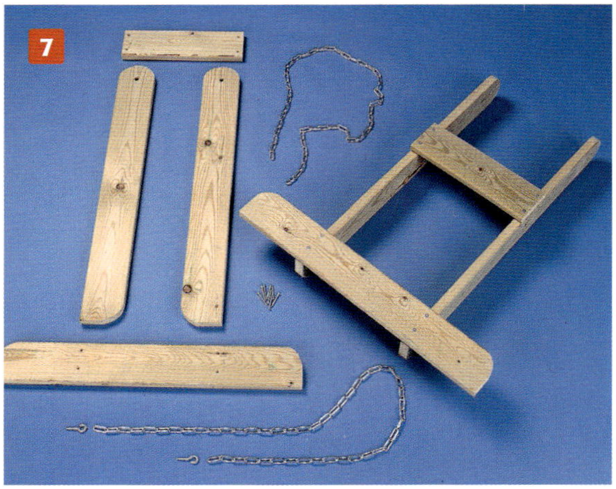

7 Aus nur vier Brettern besteht eins der beiden Bockelemente. Linke Bildhälfte: die Einzelteile; rechte Hälfte: das fertige Element. Über den in das Aufnahmerohr eingeführten Gewindebolzen entsteht die bewegliche Verbindung zwischen Schaukel und Bock. Die Ketten geben die Neigung der Bockschenkel vor.

8 Das Bemalen der Köpfe ist einfacher, wenn zunächst eine Grundierung aufgetragen wird, die nach dem Trocknen und vor dem neuen Auftrag einen Zwischenschliff erhält. Bei verschiedenen Farben immer mit den Konturen beginnen und erst dann die Fläche ausmalen. Schraubenköpfe, Scheiben und Muttern sind mit zu übermalen.

9 Dass bei den Anstrichen ausschließlich lösemittelfreie und speichelfeste Farben anderen Produkten vorzuziehen sind, versteht sich von selbst. Eine Mundberührung der Bauteile ist gerade bei Kleinkindern kaum auszuschließen.

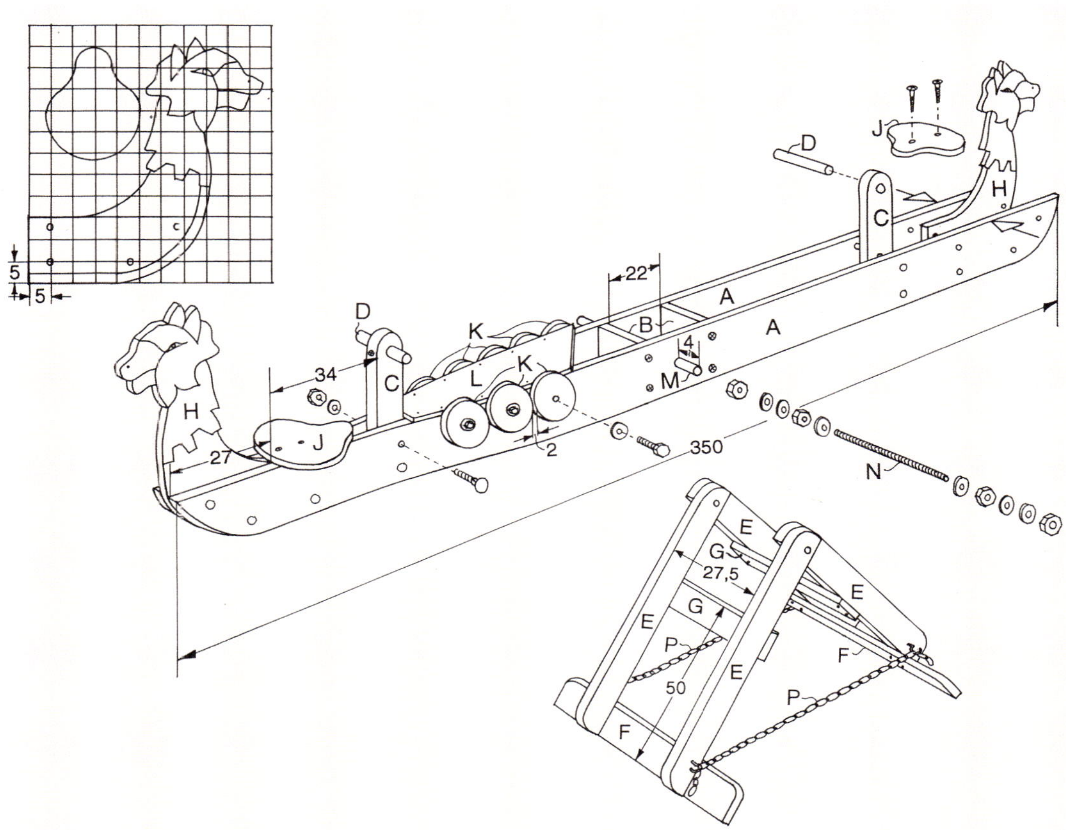

MATERIAL

- **Kieferbretter 142 × 15 mm:**
  2 Seitenplanken 3.500 mm lang;
  2 Distanzstege 120 mm lang.
- **Kieferhölzer 68 × 33 mm:**
  2 Griffhalter 370 mm lang.
- **Druckimprägnierte Bretter 92 × 21 mm:**
  4 Bockschenkel 750 mm lang;
  2 Fußbretter 650 mm lang;
  2 Querriegel 319 mm lang;
- **Wasserfest verleimtes Sperrholz 15 mm dick:**
  2 Platten 600 × 550 mm (für je zwei Köpfe und Sitzplatten).
- **Wasserfest verleimtes Sperrholz 10 mm dick:**
  20 Schilde 140 mm ∅; 1 Abdeckplatte 2.144 × 155 mm.
- **Alu oder verzinktes Stahlrohr ∅ 19 × 2 mm:**
  1 Aufnahme- oder Führungsrohr 230 mm lang;
  1 Gewindestange M12 × 362 mm lang.
- **Kette mit 3 mm Glieder-∅:**
  2 Sicherungsketten ca. 1.200 mm lang.
- **Kleinteile:**
  4 Schraubösen (Ketten); 8 Schloss-Schrauben M10 × 60 mm lang mit Scheiben und Muttern; 4 Schloss-Schrauben M10 × 70 mm lang mit Scheiben und Muttern; 6 Scheiben für M12; 4 Muttern M12; Spanplattenschrauben; Nägel.

Apfel-Futterhaus

Neben Nistkästen und Tränken gehört ein Futterhaus zu den Hilfen, mit denen Sie im eigenen Garten zu einem sinnvollen Vogelschutz beitragen können. Dieses Beispiel ist fast zum Nulltarif zu haben, weil es aus Restholz besteht. Und das liegt meist in fast jeder Werkstatt einfach so herum.

Für den Nachbau dieser einfachen Futterstelle gibt es bestimmt genügend Material in der Holzrestekiste. Nur für den Spieß müsste die Küchenschublade herhalten. Die Maße sind natürlich variabel und letztendlich vom vorhandenen Restholzbestand abhängig.

Um den gefiederten Freunden einen Gefallen zu tun, sind folgende Hinweise zu beachten: Das Holz sollte auf jeden Fall schadstofffrei sein. Auf lösemittelhaltige Farben ist ebenso zu verzichten wie auf chemischen Holzschutz. Nägel und Schrauben dürfen an keiner Stelle hervorstehen, sonst könnten sich die Vögel daran verletzen.

MATERIAL

- **Leimholz 18 mm dick:**
  1 Sockel 240 × 44 mm;
  1 Trägerwand 228 × 186 mm;
  2 Dachteile 174 × 44 mm.
- **Rundholz ∅ 8 mm:**
  2 Sitzstangen 160 mm lang.
- **Kleinteile:**
  1 Metallspieß 220 mm lang; 1 Schrauböse; Spanplattenschrauben; Holzschutzfarbe; wasserfester Holzleim.

1 Bei der Trägerwand (228 × 186 mm) die senkrechte und die waagerechte Mittellinie aufzeichnen. Das sich ergebende Kreuz ist der Mittelpunkt für den Kreisausschnitt. Dann mit einem Handbohrer die Löcher für den Spieß einbringen (waagerechte Mittellinie), mit einer Feinsäge die Dachschrägen (45°) abschneiden und mit einer Laubsäge den Kreisausschnitt (Radius = 62 mm) herausholen.

2 Die Position der Trägerwand auf dem Sockel anzeichnen und die Ecken mit kleinen Nägeln gegen Verrutschen markieren. Wasserfesten Leim innerhalb der Markierung auftragen und die Trägerwand aufdrücken. Leim durchtrocknen lassen!

Alle Einzelteile wetterfest lasieren oder lackieren. Dann die Sitzstangen unter Leimzugabe einstecken, Dachteile aufleimen (überschüssigen Leim feucht entfernen) und den Spieß einstecken. Fertig!

CLUB
32

Laufrad

Fahrradfahren ist zu Anfang gar nicht so einfach. Ein solches Laufrad bereitet Kinder ab drei Jahren auf dieses Abenteuer vor und ebnet gleichzeitig den Weg, ein Gefühl für die ökonomischste Art, sich fortzubewegen, zu bekommen. Und alleine das Bauen macht einfach einen riesigen Spaß.

Dieses Laufrad als Vorstufe zum »richtigen« Fahrradfahren zu sehen hat durchaus seine Berechtigung. Die Begleiterscheinungen sind nämlich optimal: viel Bewegung an der frischen Luft sowie die spielerische Entwicklung des Gleichgewichtssinns und der Feinmotorik. Ziel ist außerdem die Heranführung an eine möglichst kompetente Verkehrsteilnahme, die heute ja nun wirklich unerlässlich ist. Das Tragen eines Helms ist für kleine Sauseblitze nicht nur außerhalb des Gartens dringend zu empfehlen!

1 Rahmen und Gabel gehören zu den Basiselementen des Laufrads. Für den Rahmen werden zunächst die Rahmenbretter ausgeschnitten (vorher die Konturen anritzen, damit das Holz nicht ausreißt). Die inneren Aufdoppelungen den Konturen der Rahmenbretter anpassen. Ein Kupferrohrstück mit Zwingen in die Bohrung des Achsklotzes einpressen. Beim Verleimen des Rahmens ein Brett gegen den Achsklotz spannen, damit dieser nicht verrutscht.

2 Bei der Gabel zunächst die Teile miteinander verleimen, nach dem Abtrocknen des Leims das Loch mit einer Lochsäge herausschneiden und die Achslöcher von beiden Seiten einbringen. Erst jetzt das Loch zur Stirnseite hin verlängern. Dann noch mit einer Schleifwalze die Konturen glätten und die Sägekanten mit feinem Schleifpapier entgraten.

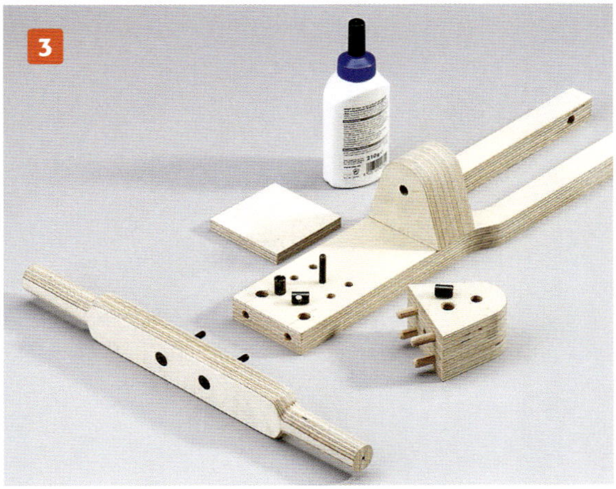
3

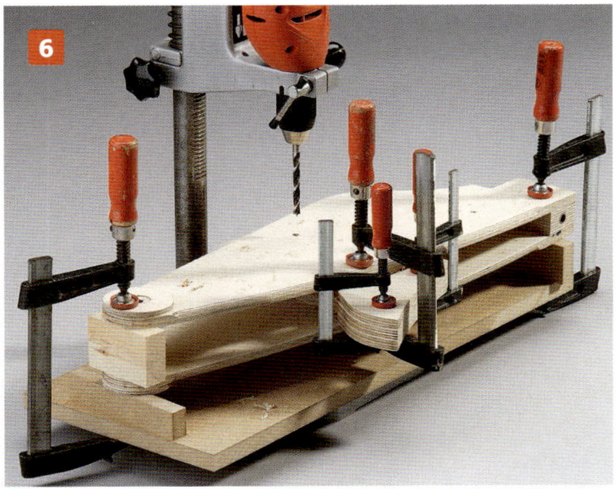
6

4
BLACK & DECKER

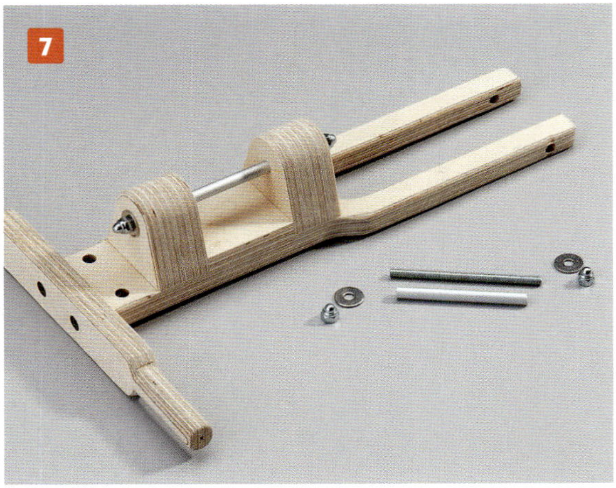
7

5
UHU

8

3 Jetzt geht's für den Lenker ins Endstadium der Fertigung. An der Gabel werden die beiden vorbereiteten Achslager und der Lenker befestigt. Die Achslager werden unter Leimzugabe mit je vier Dübeln angebracht. Anders der Lenker: Er wird über eingelassene Gewindehülsen und Gewindeschrauben mit der Gabel verbunden und ist so jederzeit wieder abzunehmen.

4 Radscheiben mit einer Fräshilfe fertigen: die äußeren mit 177 mm, die inneren mit 167 mm Radius. Für die Reifenhalterung die äußeren Scheiben mit einem Schleifteller 45° abschrägen, die Außenkanten manuell abrunden. Die Löcher der Räder so platzieren, dass eine Zwinge beim Einschieben der Achsführung helfen kann.

5 Perbunan-Litze übereinanderlegen, mit geradem Schnitt ablängen. Sekundenkleber einseitig auftragen und insbesondere die Stoßstelle bis zum Abtrocknen des Klebers fixieren.

6 Zum Bohren der Hinterachslöcher den Rahmen so lagern, dass seine mittlere Längsachse absolut waagerecht liegt. Gegebenenfalls mit Zulagen unterfüttern.

7 Das Alu-Achsrohr exakt auf Abstand bei Ober- und Unterkante der beiden Achslager einsetzen und mit Scheiben und Hutmuttern in der Position halten. Das Rohr muss vollkommen spielfrei sitzen.

8 Das Hinterrad: Außen am Gestell sind 3d-Scheiben (Karosseriescheiben) flächenbündig eingelassen. Zwischen Gestell und Rad sitzen »normale« Scheiben mit ausreichend großem Innendurchmesser als Distanzhalter. An beiden Achsenden schließen Hutmuttern die Achskonstruktion ab.

9 Auch bei der Verbindung von Rahmen und Gabel ist die gleiche Konstruktion wie bei der Radachse eingesetzt: außen 3d-Scheiben mit Hutmuttern und zwischen Rahmen und Achslagern normale Scheiben. Diese Konstruktion bedingt, dass die Achse exakt so lang ist, dass man die Hutmuttern fest anziehen kann, ohne die Beweglichkeit der Verbindung zu gefährden. Wegen der hohen Belastung dieser Gelenkverbindung ist der Achsklotz zusätzlich verschraubt.

10 Die Sitzhöhe des aufgeschraubten Sattels ist stufenlos zwischen 41 und 46 cm einstellbar. Dazu die Hutmuttern an den Schloss-Schrauben lösen, Wunschhöhe einstellen und die Muttern wieder anziehen.

11 Der Radständer ist recht einfach aufgebaut: Auf der Bodenplatte vorn Fixierleisten für das Rad und hinten Aufdoppelungen verleimen und anschrägen (65°). Anschließend die Stützplatte mit der Bodenplatte bzw. den Aufdoppelungen verschrauben.

12 Bei Perbunan handelt es sich um einen Synthesekautschuk, der über den Gummifachhandel zu beziehen ist. Die Sattelplatten erhalten ihre Biegung beim Verschrauben mit dem entsprechend eingewölbten Sitzträger und seinen Aufdoppelungen.

MATERIAL

- **Multiplex 12 mm dick:**
  2 Rahmenbretter 630 × 200 mm;
  2 Radscheiben 325 × 325 mm;
  4 Distanzscheiben 60 × 60 mm;
  2 Gabelteile 450 × 102 mm;
  2 Lenkerteile 380 × 40 mm;
  8 Achslagerscheiben 80 × 70 mm;
  1 Distanzbrett 80 × 80 mm;
  3 Distanzbretter 75 × 50 mm;
  2 Aufdoppelungen 178 × 60 mm;
  1 Sitzträger 265 × 180 mm;
  2 Aufdoppelungen 180 × 85 mm;
  1 Bodenplatte 250 × 230 mm;
  1 Stützplatte 270 × 230 mm;
  2 Aufdoppelungen 230 × 45 mm;
  2 Fixierleisten 230 × 25 mm.
- **Multiplex 6 mm dick:**
  4 Radscheiben 335 × 335 mm;
  2 Aufdoppelungen 60 × 60 mm.
- **Multiplex 4 mm dick:**
  2 Sattelplatten 630 × 200 mm;
  2 Distanzteile 178 × 60 mm.
- **Kleinteile:**
  3 lfd. m Perbunan-Rundschnur 15 mm ∅;
  Kupferrohr ∅ 12 × 1 × 200 mm lang;
  Alu-Rohr ∅ 10 × 1 × 400 mm lang;
  Gewindestab M8 × 500 mm lang;
  6 Hutmuttern M8 selbstsichernd mit 3d-Scheiben;
  6 Scheiben 11, DIN 126;
  2 Schloss-Schrauben M8 × 75 mm lang mit 3d-Scheiben und selbstsichernden Hutmuttern;
  4 Verbindungsbeschläge VB9 (je 2 für Lenker und Achslager);
  Holzdübel ∅ 8 × 40 mm lang;
  wasserfester Holzleim.

Wasserrad-Spiel

Kreisrunde Scheiben mit verschiedenen bunten Ornamenten in rasanter Bewegung – ein faszinierender Anblick. Das leise Plätschern zeugt von Wasser, das hier bewegt wird. Der elektrisch betriebene Kreislauf hält das Farbenspiel unermüdlich in Fahrt.

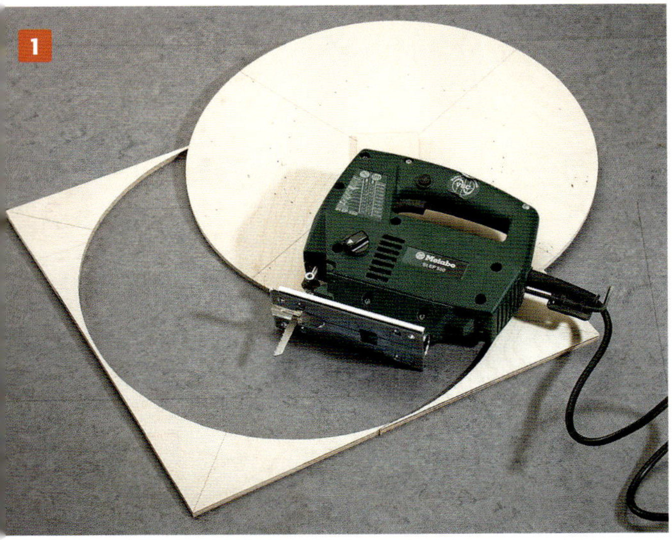

Obwohl sich dieses Wasserspiel für den Garten ohne Unterlass dreht, hat es doch eine enorm entspannende Wirkung auf den Beobachter. Nicht zuletzt durch das ständige Wassergeräusch.

1 Die Räderscheiben sowie die Schaufelwände und -böden bestehen – bis auf die Achsen – aus 6,5 mm dickem Multiplex. Durch seine wasserfeste Verleimung eignet sich das Material besonders gut für Außenprojekte – wie beispielsweise dieses Wasserspiel. Für das Ausschneiden der Räderscheiben bleibt der Pendelhub der Stichsäge abgeschaltet, der Vorschub sollte nur sehr langsam erfolgen.

2 Beim Fertigen der Achslöcher vergrößern aufgelegte Zulagen (Multiplex-Streifen) die Standfläche für das Bohrmobil. Die Fläche der zuvor aufgeleimten quadratischen Aufdoppelungen in der Scheibenmitte würde dazu nicht ausreichen.

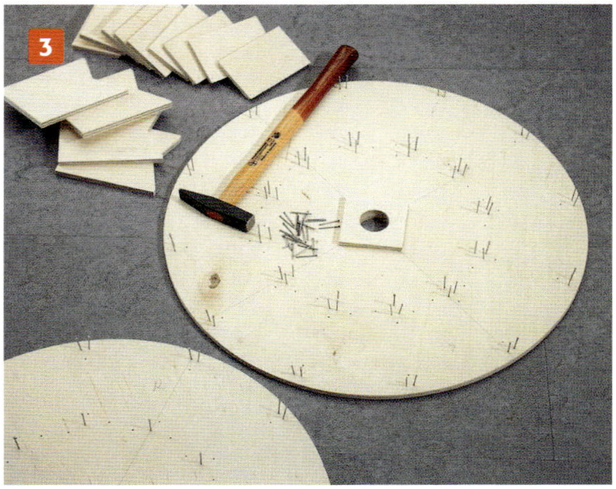
3

4
Ponal

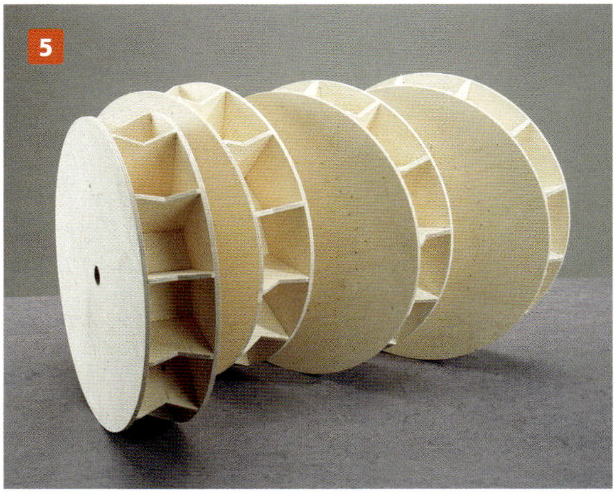
5

6

7

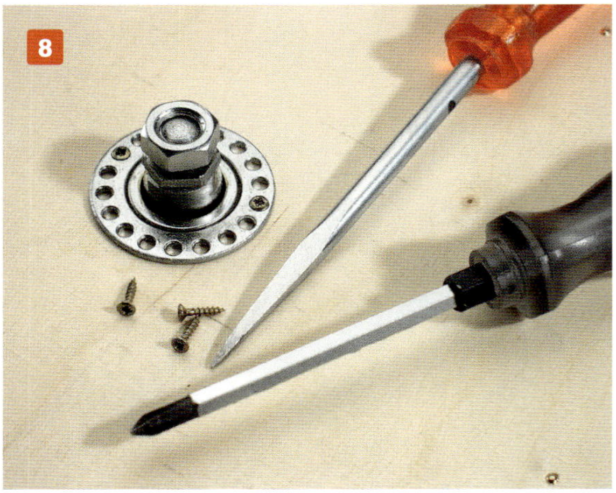
8

3 Eine knifflige Aufgabe ist das Markieren der Nagelpositionen. Auf einer Pappschablone diese Positionen anzeichnen und durchbohren. An den auf der Radscheibe eingeschlagenen Nägeln orientieren sich später die Schaufelwände.

4 Die je 48 Schaufelwände und -böden sind zugesägt und mit einer Scheibe unter Zugabe von reichlich wasserfestem Leim verbunden. Die zweite Scheibe wieder mit viel Leim auflegen und mit den Schaufeln vernageln. Das Gebilde vorsichtig herumdrehen und die Befestigungsnägel auf der zweiten Scheibe einschlagen. Dieser Vorgang gilt für alle vier Schaufelräder.

5 Alle Räder ruhen lassen, bis der Leim vollständig abgebunden hat. Falls gewünscht, lassen sich jetzt die Leimüberreste mit einem sehr scharfen Beitel entfernen. Diese Geduldsarbeit ist aber nicht unbedingt erforderlich. Die Funktion wird durch die Leimreste nicht beeinflusst, es ist reine Kosmetik.

6 Die Räder müssen sich natürlich auch im Gestell leicht drehen können. Eine zweckentfremdete Fahrradnabe leistet hier gute Dienste. Für eine Achse die Fahrradnabe ungefähr in der Mitte aufsägen. Eine selbst gebaute Halterung erleichtert diese Arbeit wesentlich.

7 Ist die Hülse durchgeschnitten, vorsichtig die Nabe auseinanderziehen. Dabei ist darauf zu achten, dass die Lagerkügelchen nicht herausfallen und verloren gehen.

8 Die Nabenteile von beiden Seiten in das Rad einführen und mit kleinen Schrauben fixieren. Erst wenn das Wasserspiel später den Funktionstest erfolgreich bestanden hat und fertig lackiert ist, werden die Verschraubungen wetterfest mit Epoxidharz abgedichtet. Als Achslager am Gestell dienen Messingschlaufen, die in jedem Baumarkt erhältlich sind.

9 Die vier Rinnen bestehen aus Böden, Längsseiten, Stirn- und Führungswänden. Sie sind ebenfalls unter Leimzugabe mit Nägeln verbunden und mit Schrauben am Gestell befestigt.

10 Die Wasserzuleitung lässt sich entweder verlöten oder mit Epoxidharz kleben. Zur Befestigung der Leitung am Gestell dienen Rohrclipse. Die Rohrmündung befindet sich mittig auf dem Rad, ein wenig vor der Achse.

11 Das Wasserreservoir besteht aus einem Pflanzkasten (25 × 25 × 100 cm). Die handelsübliche Pumpe fördert 37 l/min. Genug, um die Räder in Schwung zu halten. Die Förderhöhe von 2,2 m bringt das Wasser zuverlässig zum oberen Rad. Den Rest erledigt die Schwerkraft. Ein serienmäßiger Trockenlaufschutz verhindert mögliche Beschädigungen der Pumpe.

12 Für fast schon luxuriösen Komfort sorgt eine Gartensteckdose mit Fernbedienung. Sie erlaubt, das Wasserspiel bequem von der Terrassenliege aus funkgesteuert ein- und auszuschalten.

13 Das Gestell ist sehr einfach aufgebaut. Die einzelnen Leisten sind durch T-förmige Flachwinkel und Balkenwinkel verbunden. Am Giebel werden sie stumpf verschraubt. Je nach Boden- und Windverhältnissen im Garten kann der gezeigte Aufbau etwas kippelig wirken. Besteht der Eindruck, sind nur die Bodenleisten um 20 bis 40 cm zu verlängern.

MATERIAL

- **Kiefer 30 × 30 mm:**
  2 Bodenleisten quer 850 mm lang;
  4 Bodenleisten längs 940 mm lang;
  4 Stützen 1.945 mm lang.
- **Multiplex 6,5 mm dick:**
  8 Radscheiben 400 × 400 mm;
  48 Schaufelwände 400 × 400 mm;
  48 Schaufelböden 400 × 400 mm;
  8 Aufdoppelungen 60 × 60 mm;
  3 Rinnenböden 400 × 400 mm;
  6 Rinnenseiten 400 × 400 mm;
  1 Rinnenboden 400 × 400 mm;
  2 Rinnenseiten 400 × 400 mm;
  4 Stirnwände 400 × 400 mm;
  8 Führungswände 400 × 400 mm;
  2 Längsbretter 400 × 400 mm;
  4 Sparrenbretter 400 × 400 mm;
  4 Aufdoppelungen 400 × 400 mm;
  2 Verbinder 400 × 400 mm;
  2 Dachplatten 400 × 400 mm.
- **Kleinteile:**
  4 Fahrradnaben kpl. mit Holzschrauben 2,0 × 10 mm;
  8 Riegelschlaufen 34 × 16 mm (Achslager);
  4 T-Flachwinkel 140 × 80 × 30 × 2;
  8 Balkenwinkel 80 × 40 × 30 mm;
  ca. 2,5 lfd. m Kupferrohr 12 mm ∅;
  6 Fittings 90°, 12 mm ∅;
  3 Rohrclipse für 12 mm ∅;
  1 Teichpumpe kpl. Zubehör;
  1 Schlauchstück 16 mm ∅;
  2 Schlauchschellen;
  1 Pflanzkasten 250 × 250 × 1.000 mm;
  Spanplattenschrauben;
  Nägel;
  wasserfester Holzleim.
- **Zur eventuellen Befestigung auf einem Betonboden:**
  6 Sechskant-Holzschrauben 6,0 × 70 mm mit Scheiben und Dübeln.

Minigolfanlage

Eine Minigolfanlage im eigenen Garten – geht nicht? Geht doch! Sicher ist es illusorisch, in einem normalen Hausgarten einen 18-Loch-Parcours aufzubauen. Die Lösung ist aber ebenso genial wie einfach: eine Grundplatte und kombinierbare Aufbauten.

Minigolf ist ein Vergnügen für Kinder und Erwachsene gleichermaßen. Und wenn das alles noch im eigenen Garten stattfinden kann, umso besser. Kein Obolus für den Eintritt, keine Warteschlangen vor den einzelnen Aufgaben und vor allem: Hindernisse, die nach eigenen Wünschen aufgebaut und miteinander kombiniert werden können. Letztlich sind es nur sechs oder sieben verschiedene Elemente, die aber unzählige Varianten der Bahnen zulassen.

Alle möglichen Hinderniskombinationen sind so aufgebaut, dass sie – theoretisch – mit einem Schlag lösbar sind. Die Praxis sieht natürlich anders aus, weil die Schwierigkeitsgrade deutlich variieren und manches Hindernis vielleicht leichter aussieht, als es in Wirklichkeit von den Spielern zu meistern ist.

1 Der Aufbau der Hindernisse kostet nicht nennenswert Zeit, weil immer nur wenige Handgriffe erforderlich sind. Die Kantenlängsleisten sind so gestaltet, dass sie über simple Steckverbindungen Elemente aufnehmen können, die für die stabile Lage der aufgelegten Bahnelemente verantwortlich sind.

2 Das können »Rutschen« sein, die auf eingesteckten Querträgern verankert sind, oder beispielsweise PVC-Rohrhälften, die auf »Elefanten« ruhen.

Keines dieser Aufsatzteile ist so schwer, dass ein Kind nicht alleine alle Kombinationen selbst aufbauen und auch ausprobieren kann.

3

6

4

7

5

8

3 Bei der vorderen Grundplatte seitlich zwei Rechtecke heraussägen. Das mittlere bleibt stehen und dient als Startplatz für den Golfball. Beide Grundplatten umdrehen und hinten alle Rahmenleisten unter (wasserfester) Leimzugabe aufschrauben. Das mittlere Rahmenteil ist etwas breiter, weil es die Stoßstellen der Grundplatten verbindet. Zum Schluss die Konstruktion wieder umdrehen und die beiden Längsbretter und das Stirnbrett von außen wasserfest verleimen und verschrauben.

4 Die PVC-Rohre unterschiedlicher Durchmesser längs halbieren und die Sägekanten sehr sauber entgraten. Vor dem Streichen gründlich mit sehr warmem Wasser und Spülmittel entfetten. Anschließend mit einem saugfähigen, fusselfreien Lappen trocknen. Möglicherweise ist der Vorgang zu wiederholen.

5 Für den »Elefanten« auf einer 16 mm dicken, wasserfest verleimten Sperrholzplatte ein Rasternetz (1 Kästchen = 50 × 50 mm) aufzeichnen und die Konturen aus der Zeichnung 2 (Seite 90) übertragen. Kontrollieren, ob die Rundungen der Halbrohre der Zeichnung entsprechen.

6 Danach alle Teile der Zeichnung 3 zusägen und zusammenbauen. Zeichnung 4 zeigt die Kästen, die ebenfalls auf die Grundplatten gelegt werden können. Eine der beiden Hartfaserplatten erhält im Zentrum eine Bohrung von 100 mm ∅. Den kompletten Kasten nach Zeichnung montieren.

7 Die Dreieckstücke auf die Längsbanden leimen und schrauben (Zeichnung 1). Nicht zu eng setzen, damit sich die verschiedenen Aufsätze zwar problemlos, aber ohne nennenswertes Spiel einschieben lassen.

8 Zum Auffangen der Golfbälle eignet sich beispielsweise ein Teil eines Obstnetzes oder Ähnliches. Zunächst die Passform kontrollieren, zuschneiden und dann rundherum möglichst lückenlos festtackern.

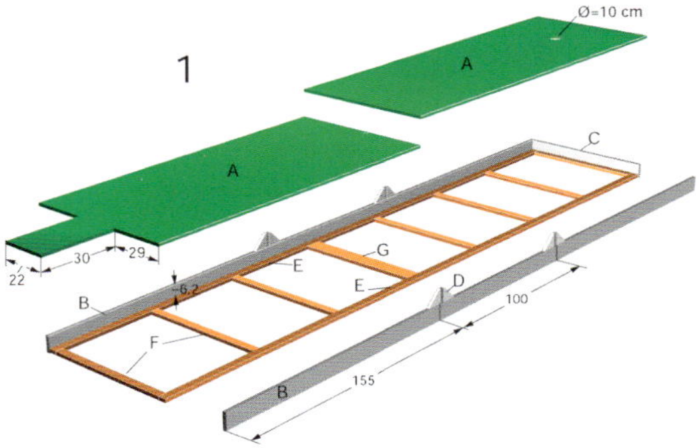

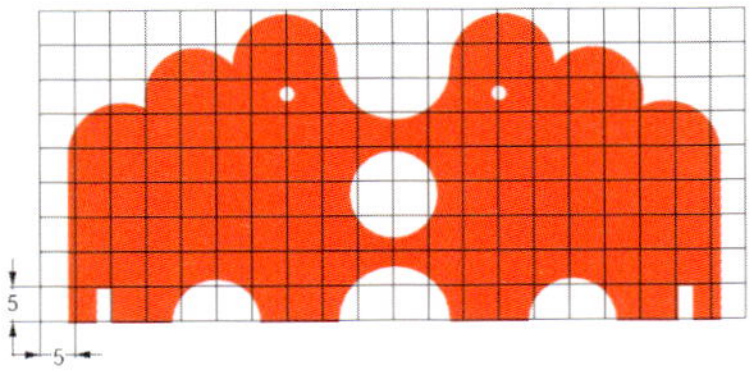

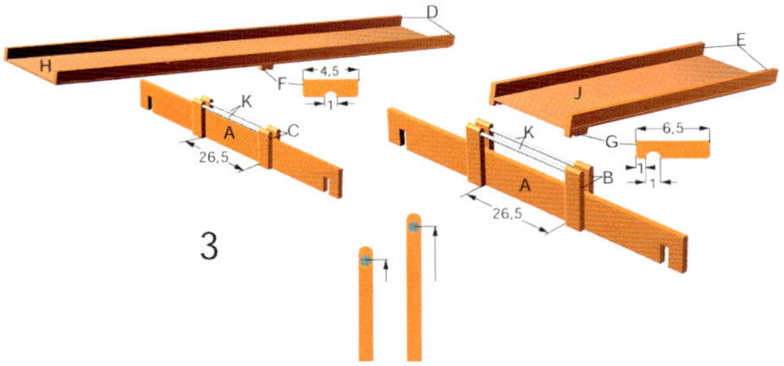

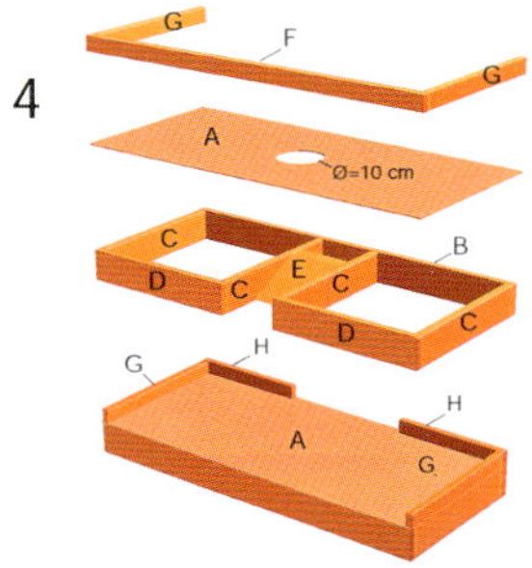

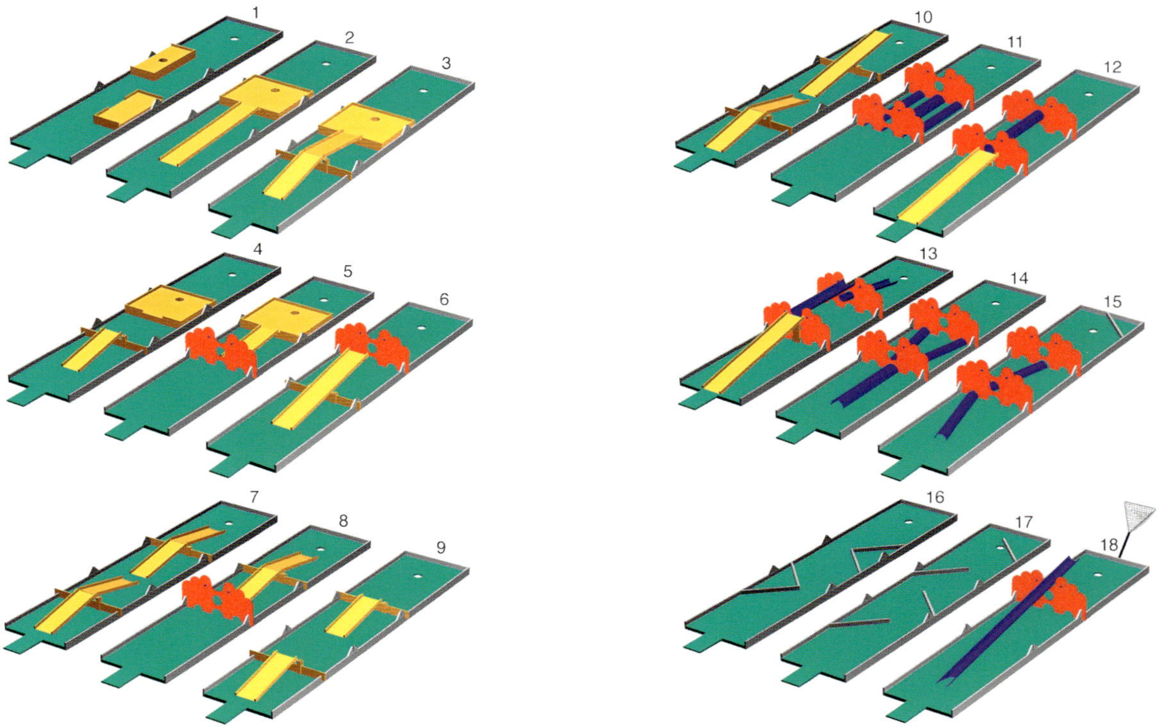

Bahn 1 bis 18 zeigen die möglichen Spielvarianten.

MATERIAL

Golfbahn (Zeichnung 1)

- **Sperrholz 12 mm dick, wasserfest verleimt:**
  2 Grundplatten (A) 2.440 × 800 mm.

- **Kiefer 91 × 21 mm:**
  2 Längsbanden (B) 4.601 mm lang;
  1 Querbande (C) 800 mm lang;
  8 Führungsdreiecke (D) 91 × 91 mm;
  1 Plattenverbinder (G) 734 mm lang.

- **Kiefer 33 × 21 mm:**
  2 Längsrahmenleisten (E) 4.580 mm lang;
  7 Querrahmenleisten (F) 734 mm lang.

- **Kleinteile:**
  Spanplattenschrauben;
  wasserfester Holzleim.

»Elefant« (Zeichnung 2) und PVC-Halbrohre

- **Sperrholz 16 mm dick, wasserfest verleimt:**
  2 Platten 1.000 × 450 mm.

- **PVC-Rohr mit 120 mm Außen-∅:**
  1 Rohrstück 1.000 mm lang;
  2 Halbrohrstücke 1.000 mm lang.

- **Rohr mit 160 mm Außen-∅:**
  1 Halbrohrstück 1.000 mm lang;
  1 Halbrohrstück 1.900 mm lang.

Wippe, Rutsche und zwei Auflager (Zeichnung 3)

- **Kiefer 91 × 15 mm:**
  2 Auflager (A) 950 mm lang.

- **Kiefer 44 × 15 mm:**
  je 4 Rohrstützen (B) 160 und (C) 120 mm lang.

- **Kiefer 33 × 15 mm:**
  2 Schaukelseiten (D) 1.500 mm lang;
  2 Rutschenseiten (E) 750 mm lang.

- **Kiefer 15 × 15 mm:**
  2 Schaukellager (F) 45 mm lang;
  2 Rutschenlager (G) 65 mm lang.

- **Hartfaser 4 mm dick:**
  1 Schaukelboden (H) 1.500 × 200 mm;
  1 Rutschenboden (J) 750 × 250 mm.

zwei Kästen (Zeichnung 4)

- **Hartfaser 4 mm dick:**
  2 Böden (A) 790 × 350 mm.

- **Kiefer 68 × 15 mm:**
  3 Längsbretter (B) 790 mm lang;
  7 Querbretter (C) 320 mm lang;
  2 Längsbretter (D) 345 mm lang;
  1 Auswurfschräge (E) 90 mm lang.

- **Kiefer 33 × 15 mm:**
  1 Aufsatzleiste (F) 790 mm lang;
  4 Aufsatzleisten (G) 335 mm lang;
  2 Aufsatzleisten (H) 270 mm lang.

- **Kleinteile:**
  Spanplattenschrauben;
  Nägel;
  wasserfester Holzleim.

Sonnenschirmbar

So lässt sich's doch leben. Ein Spieltisch mit einem entnehmbaren Tablett und dazu hübsch gedeckt, Korbsessel vom Feinsten und ein bunter Sonnenschirm, der – je nach Stand der Sonne – ausreichend Schatten bietet. Und über allem thront hier Meister Lampe als Plüschtier.

Hier gibt's bunt beschirmt prima Platz zum Spielen oder zum Futtern. Je nachdem, was gerade auf dem Plan steht. Und alles, was man dazu braucht, lässt sich mit dem Tabletteinsatz gefahrlos herbeitransportieren. Die Wände sind nämlich mit 10 cm so hoch, dass nichts herunterfallen kann. Und an den Tablettgriffen ist es bequem zu tragen

Der Tisch selbst besteht aus vier Rundholzbeinen und einer Tischplatte. Das Tablett nimmt von der Rundplatte ein Achtel für sich in Anspruch.

1 Vor dem Ausschneiden dieses Achtels mit der Stichsäge sind auf der quadratischen Platte von einem Meter Kantenlänge zunächst die beiden Diagonalen und danach das Linienkreuz aus den Seitenmitten aufzuzeichnen. So ergibt sich ganz einfach die Aufteilung in Achtelfelder auf der Sperrholzplatte.

2 Erst jetzt mit einem Stangen- oder Schnurzirkel die Konturen des Kreises markieren. Aus der nun runden Platte das Achtel für den Tablettboden ausschneiden. Für die Schirmstange ein entsprechend großes Loch um den Mittelpunkt herausschneiden oder -bohren. Anschließend alle Sägekanten mit Schleifpapier entgraten.

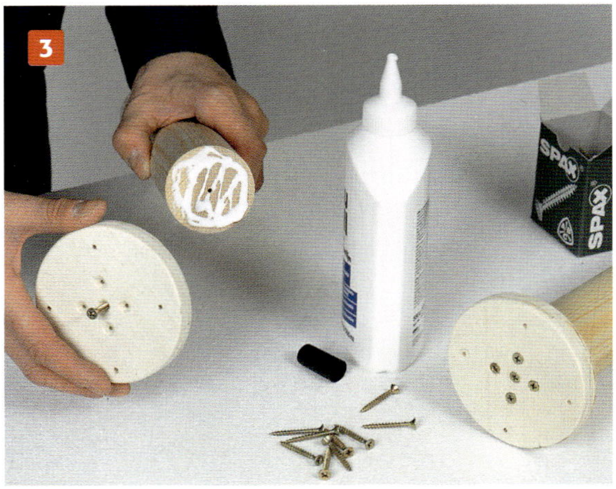

3 Vier Tischbeinplatten (100 mm ∅), die unter Leimzugabe mit einem Ende der Tischbein-Rundhölzer (60 mm ∅) verschraubt sind, vergrößern die Befestigungsfläche unter der Tischplatte.

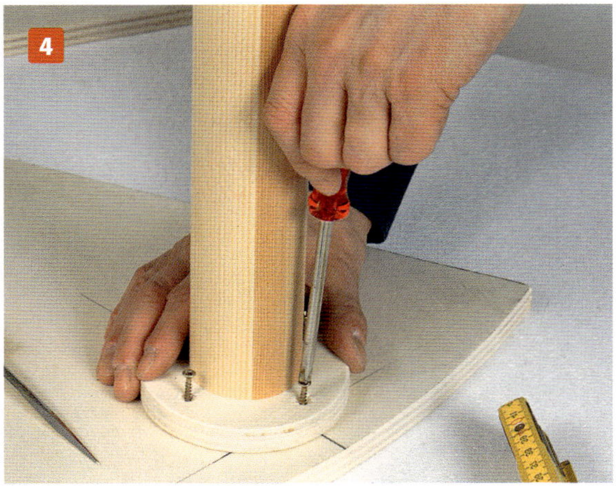

4 Auch das Verschrauben unter der Tischplatte erfolgt unter Zugabe von (wasserfestem) Leim (Löcher in den Tischbeinplatten vorbohren!). Bei der Wahl der Beine unter der Platte ist darauf zu achten, dass sich ein sauberes Quadrat mit exakt identischen Kantenlängen ergibt. Die anderen Enden der Tischbeine sind leicht angespitzt, um Unebenheiten im weichen Rasen auszugleichen und durch leichtes Drücken einen sicheren Stand zu bieten.

5 Ohne wetterresistente Oberflächenbehandlung geht hier nichts. In diesem Fall ist für die Tischplatte eine Mischung aus Zinkgelb und Reinweiß vorgesehen, für das Tablett Reinweiß und Signalblau. Wasserbasierter Acryllack trocknet relativ schnell ab. Für Kindermöbel eignet er sich gut, weil er lösemittelfrei ist. Vor dem zweiten Anstrich unbedingt zwischenschleifen.

6 Die Beine erhalten zunächst ihre Grundfarbe. Nach deren vollständigem Durchtrocknen mit Malerband (z. B. Tesa-Krepp) diejenigen Flächen abkleben, die in dieser Farbe bleiben sollen. Den Rest vorsichtig anschleifen und überstreichen

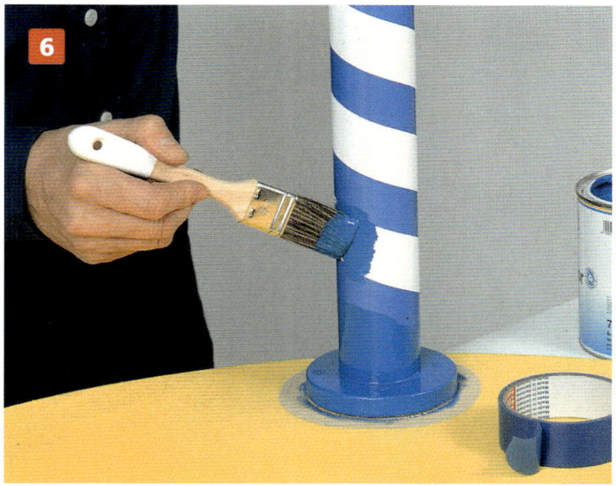

7 Beim Zuschnitt der Tablett-Seitenwände unbedingt die sich aus der Konstruktion des Achteltischteils ergebenden Winkel einhalten. Mit einer Bohrmaschine im Bohrständer die Dübellöcher (6 mm ∅) und die Löcher für die beiden Griffe in die Schnittkanten einbringen. Die Griffbohrungen sollten den Schraubbolzen ein wenig Spiel gewähren, damit der mit einer Tülle eingeführte Kleber die Gewinde ganz umschließen kann. Nach dem Abtrocknen ist der Tabletteinsatz dann sicher zu halten.

MATERIAL

- **Sperrholz 15 mm dick, wasserfest verleimt:**
  1 Tischplatte 1.000 × 1.000 mm (später 1.000 mm ∅);
  2 Seitenteile 500 × 100 mm und
  1 Frontblende 370 × 100 mm (beide Tablett);
  4 Tischbeinplatten 100 mm ∅;
  4 Trägerscheiben 20 mm ∅;
  1 Fixierscheibe 20 mm ∅.
- **1 Rundholz 60 mm ∅:**
  4 Tischbeine 520 mm lang.
- **Kleinteile:**
  3 Holzkugeln 30 mm ∅;
  2 Kunststoffgriffe ca. 100 mm lang;
  Spanplattenschrauben;
  Holzdübel ∅ 6 × 30 mm;
  wasserfester Holzleim.

Abschussrampe und Flieger

Minipiloten klar zum Start! Den Traum vom Fliegen gibt es seit Menschengedenken. Dieser hier lässt sich am besten mithilfe Erwachsener realisieren. Also liebe Eltern: ran an Säge, Schleifpapier und Kleber und viel Spaß mit dem Nachwuchs.

Es ist schon ziemlich aufregend, wenn die kleinen Flugzeugbauer ihre Prototypen testen: Welcher fliegt am weitesten, welcher liegt am besten in der Luft, welche Neigung der Abschussrampe ist die effektivste. Fragen über Fragen. Um die und andere sich ergebende zu beantworten, sind viele Tests erforderlich – mit jedem Flieger. Aber genau das bringt ja den Spaß.

Die Startrampe benötigt einen festen und zwei lose Dübel. Der feste verbindet als Gelenk Führungsschiene und Basis. Der erste lose fixiert die verschiebbare Neigungsstütze auf der Basis, der zweite hält den Gleiter gespannt und wird zum Starten herausgezogen.

Zunächst wird die Neigung der Startrampe eingestellt. Dazu die Neigungsstütze verschieben und mit dem Dübel fixieren. Dann wird der Gleiter zurückgezogen und ebenfalls mit einem Dübel arretiert. Das Flugzeug mit dem Heck am Gleitklotz in die Führungsschiene einlegen. Dann den Dübel, der den Gleiter zurückhält, ziehen.

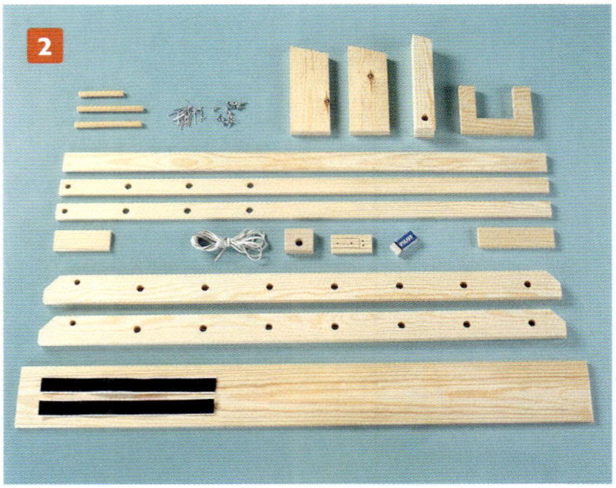

1 Die federleichten und mühelos zu bauenden Segelflugzeuge gehören zu den beliebtesten klassischen Bastelthemen. Die Gemeinsamkeit bei den Bastelstunden hat auch einen positiven Nebeneffekt: Kinder lernen unter Aufsicht den vorsichtigen Umgang mit Werkzeugen, auch gefährlicheren (z. B. einem Cutter).

2 Aus diesen Teilen besteht die Startrampe. In der Zeichnung auf Seite 101 sind alle Maße (auch die der Bohrungen) angegeben. Die Führungsleisten und Verstellelemente paarweise zusammenspannen und die Löcher in einem Arbeitsgang bohren.

3 Auf einer Arbeitplatte (Tisch) eine 2 mm dicke Schneidunterlage (Pappe) und ein Stück Schleifpapier mit Tesa fixieren. Rumpf und Flügel zunächst aus Pappe ausschneiden. Dann die Konturen auf das Balsaholz übertragen und mit einem scharfen Messer oder einem Cutter sauber ausschneiden.

5 Das Gummiband zwischen Gleitklotz und Gleiter fixieren und die beiden Teile verschrauben. Mit Nägeln und Schrauben die Distanzleisten unter den Führungsleisten befestigen. Dann die Basisleiste vorbohren, den Gleiter auf die Führungsleisten legen und die Basisleiste mit den beiden Distanzleisten verschrauben.

6 Einen Radiergummi zwischen den Führungsleisten einpassen. Als Stopper mit einer Scheibe auf die Basisleiste schrauben. 20 mm vor dem oberen Ende das Halteloch für das Gummiband bohren.

7 Einen Dübel durch die 10-mm-Löcher der Verstellelemente und der Führungsleisten schlagen. Fixiert wird dieser Dübel mit Nägeln von unten durch das Basisbrett. Nun die Verstellelemente ebenfalls von unten mit dem Basisbrett verschrauben.

8 Durch das Ziehen des Dübels schnellt der Gleiter mit dem Flieger die Rampe hoch, bis er gegen den Radiergummistopper prallt und wieder zurückrutscht – und schon hebt der Flieger ab. Bleibt noch zu erwähnen, dass ein höher gelegener Standort optimal ist.

MATERIAL

Abschussrampe

- **Kiefer 27 × 8 mm:**
  A) 2 Führungsleisten 800 mm lang.
- **Kiefer 33 × 8 mm:**
  B) 1 Distanzleiste 90 mm lang;
  B) 1 Distanzleiste 120 mm lang;
  B) 1 Distanzleiste 800 mm lang;
  B) 1 Distanzleiste 65 mm lang.
- **Kiefer 44 × 15 mm:**
  F) 1 Basisbrett 850 mm lang.
- **Kiefer 68 × 15 mm:**
  G) 2 Führungsbretter 180 mm lang.
- **Kiefer 33 × 33 mm:**
  H) 1 Neigungsstütze 190 mm lang.
- **Kiefer 90 × 15 mm:**
  J) 1 Montagebrett 120 mm lang.
- **Kiefer 90 × 10 mm:**
  K) 1 Basisbrett 850 mm lang.
- **Sperrholz 15 mm dick:**
  L) 1 Gleitklotz 45 × 40 mm.
- **Kleinteile:**
  1 Gummiband ca. 800 mm lang;
  1 Radiergummi;
  2 Kartonplatten 1 mm dick, 147 × 33 mm;
  1 Scheibe 4 mm Innen-∅;
  Spanplattenschrauben;
  Nägel;
  3 Holzdübel ∅ 10 × 100 mm;
  wasserfester Holzleim.

Hangar

- **Sperrholz 4 mm dick:**
  A1) 2 Stirnwände 350 × 125 mm.
- **Kiefer 15 × 10 mm:**
  A2) 4 Verstrebungen 450 mm lang.
- **feste Wellpappe:**
  A3) 1 Dachabdeckung 600 × 458 mm.
- **Kleinteile:**
  Nägel;
  wasserfester Holzleim.

Die Buchstaben stehen für:
A = Rumpf, B = Tragflächen, C = Höhenleitwerk, D = Seitenleitwerk an der Tragfläche, E = Seitenleitwerk am Höhenleitwerk.

1 X 1 cm.

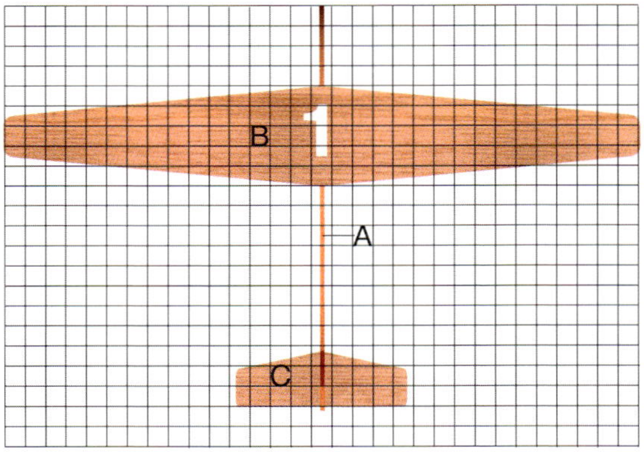

1 X 1 cm.

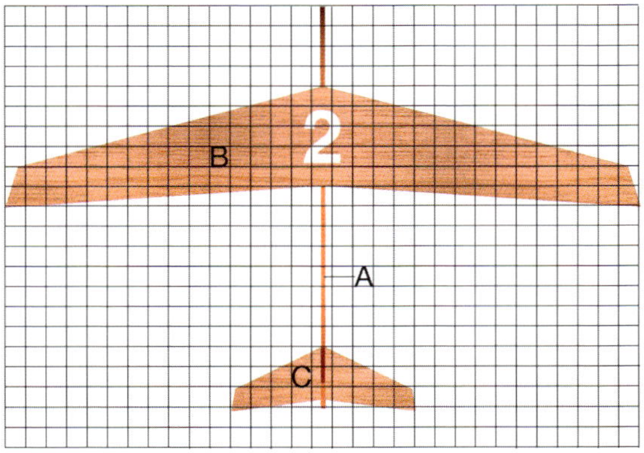

1 X 1 cm.

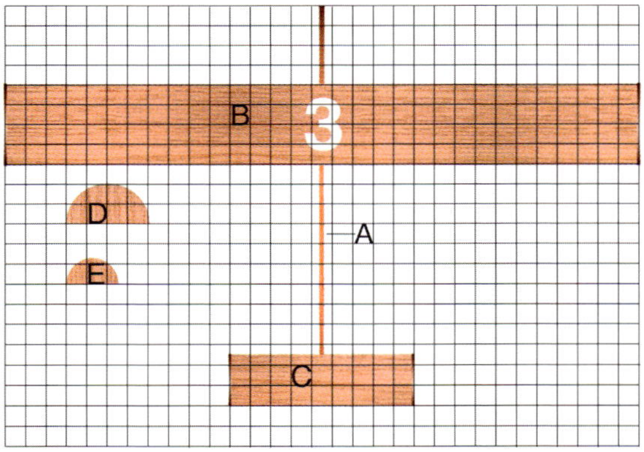

1 X 1 cm.

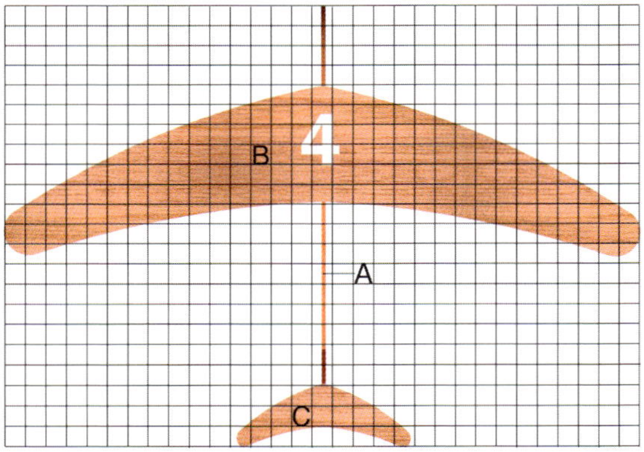

1 X 1 cm.

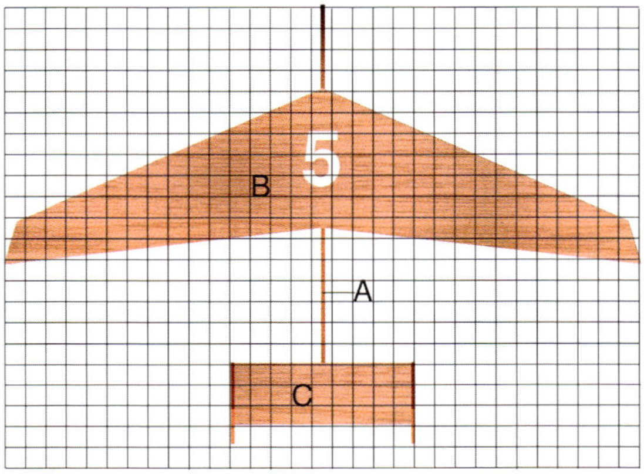

1 X 1 cm.

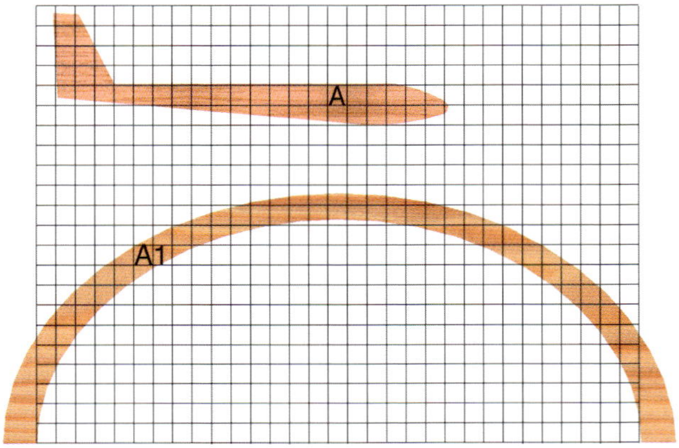

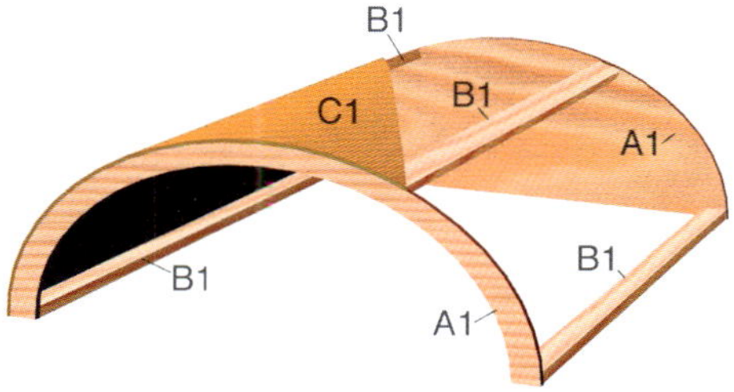

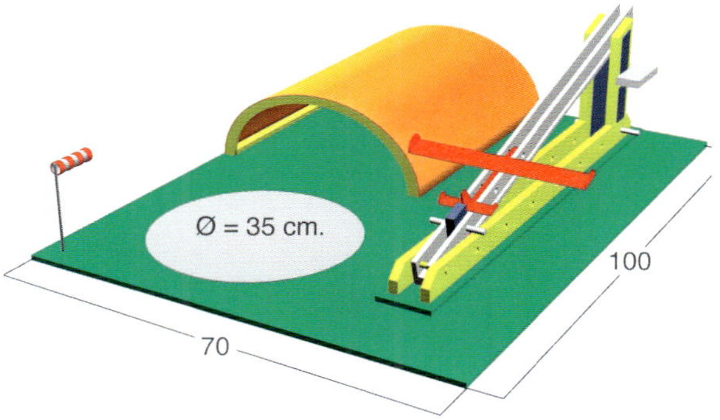

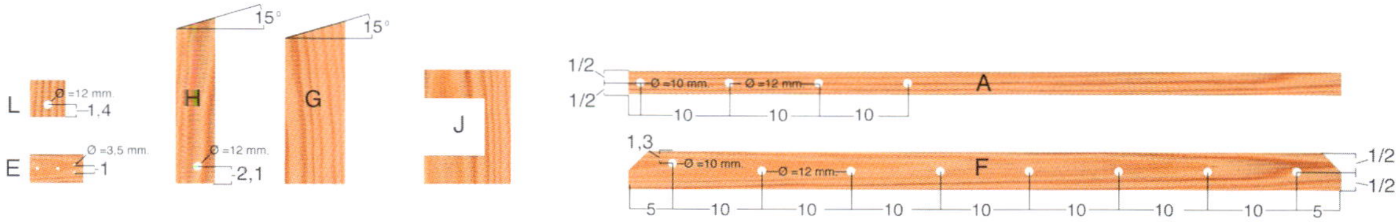

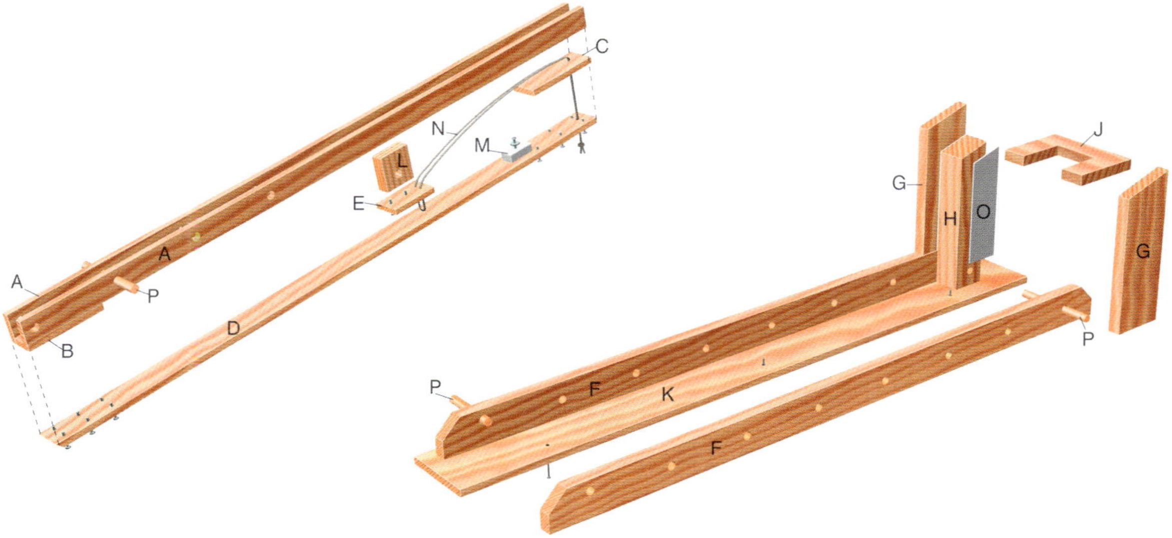

Die Startrampe besteht aus Führungsschiene und der Basis mit der darauf verstellbaren Neigungsstütze. Startrampe und Hangar sind nur mit Klettband auf der Grundplatte (Sperrholz 10 mm dick, 100 × 70 cm) befestigt. Der Wendekreis ist aus einem Stück Klebefolie ausgeschnitten.

Teich im Kiesbett

Kinder lieben das Spielen mit Wasser und kleinen Schiffen. Die meisten der im Handel erhältlichen Becken sind jedoch entweder zu tief oder zu groß. Oder beides. Bei dieser Minianlage segeln die Schiffe gefahrlos über Kanäle von einem See zum anderen.

Der Genuss an einem Arrangement im Garten, bei dem Wasser eine gravierende Rolle spielt, ist nicht nur Erwachsenen vorbehalten. Auch für Kinder bieten sich – bei entsprechender Gestaltung – unzählige Spielmöglichkeiten in dieser Mini-Wasserwelt. Und das für viele kreative Stunden.

Ein etwas höher gelegener Miniteich mit Wasserfall hält das Wasser im Kanalsystem in ständiger Bewegung. Die dazu notwendige Wasserpumpe ist in einem der drei »Seen« installiert.

Für den Stromanschluss der Pumpe ist eine witterungsresistente, auf Sicherheit geprüfte Außensteckdose erforderlich. Sie ist so zu montieren, dass das Anschlusskabel der Pumpe auf keinen Fall verlängert werden muss.

1 Die kleinen Segelboote sind recht simpel aus Holz oder Kork aufgebaut. Die Form ist dabei frei wählbar. Lediglich die Größe sollte der Dimension der Wasserlandschaft angepasst sein.

2 Die gesamte Anlage ist in ein Kiesbett integriert, das sich leicht in jedem Teil eines Gartens realisieren lässt. Hinzu kommt, dass sich die Erdarbeiten in Grenzen halten. Für ein solches Spielparadies ist das aber eher zweitrangig. Das Endergebnis rechtfertigt die kleine Mühe allemal. Wenn dann auch noch die Pflanzen um diese Mini-Teichanlage so arrangiert werden wie hier gezeigt, ist das eine Wohltat – auch für das Auge.

3

4

5

6

7

8

3 Einfache Zementkübel (oberer Durchmesser 560 mm) und PVC-Rohrhälften (längs halbiert) von 150 und 200 mm ∅ sind die Hauptdarsteller der »Drei-Seen-Landschaft«. Sie lassen sich problemlos mit einer Stichsäge (nicht zu großes Blatt) in jede beliebige Form bringen. Das folgende sehr gewissenhafte Säubern der Sägekanten lässt sich leider nicht vermeiden. Dies gilt übrigens für alle Sägeschnitte an den Kunststoffteilen.

4 Hier kommt die Stichsäge auf jeden Fall zum Einsatz: beim Abtrennen der Wulst des Kübels. Daraus ist schon zu sehen, wie gering der Erdaushub sein muss, um die Kübel maßgerecht einlassen zu können.

5 An den eingelegten Halbrohren wird die Schnittkontur für die Stichsäge angezeichnet. Der Überstand wird abgeschnitten. Dieses Halbrohr dient dann als Schablone für die anderen Verbindungsrohre. Das gesamte Seen- und Kanalgebilde ist ein exakt gleichseitiges Dreieck. Das heißt, dass die Kanäle im 60°-Winkel zueinander stehen.

6 Die Halbrohre müssen nach innen einige Millimeter überstehen, damit die Dichtmasse von beiden Seiten aufgetragen werden kann. Die fertig abgedichtete Dreieckskonstruktion sollte mindestens 24 Stunden nicht bewegt werden, damit das Dichtungsmaterial vollständig durchhärten kann.

7 Erst dann wird die Gesamtkonstruktion an den endgültigen Platz mit den Erdaushüben transportiert. Dazu sollten zwei Personen zur Verfügung stehen, damit die Verbindungsnähte nicht unnötig belastet werden.

8 Jetzt ist einige Feinarbeit angesagt: Das »In-die-Waage-bringen« kann auf Anhieb klappen. Wahrscheinlicher ist jedoch, dass ein oder mehrere der Kübel zu unterfüttern sind. Am besten geeignet dazu ist feinkörniger Sand. Erst wenn die gesamte Konstruktion »in der Waage« ist und sicher und fest liegt, steht das Einfüllen von Kies an. Bei einem der »Seen-Kübel« ist zuvor noch die Pumpe samt Zubehör einzubauen.

9 Die Flächen innerhalb des Dreiecks und außen herum werden mit einem sehr dichten Hartschaum (z. B. Fibertex) ausgelegt, bevor der Kies aufgeschüttet wird. Die äußere Einfassung der Gesamtanlage besteht aus hochkant gestellten Randsteinen.

10 Für die Schiffe aus Kork eignen sich gesammelte Flaschenkorken (sofern sie nicht verfärbt sind). Einfacher ist es sicher, in einem Bastelladen einen Beutel mit neuen Korken zu erstehen. Je drei Korken mit Kontaktkleber verbinden und nach dem Trocknen mit einem Cutter längs halbieren. Vorsicht! Das ist nicht ganz ungefährlich. Deshalb mit sehr scharfer Klinge und geringem Vorschub arbeiten. Für den Mast in der Mitte eine 5-mm-Bohrung einbringen. Die Segel (35 × 25 mm) bestehen aus Farbfolien eines Ringbuchs.

11 Der Rumpf eines Holzschiffs besteht aus 15 mm dicker Kiefer (Endmaße: 120 × 50 mm). An Bug und Heck sind jeweils 45°-Schnitte Richtung Rumpfmitte vorzunehmen, um die Optik »leichter« zu machen. Der Mast (5 mm ∅) wird ca. 40 mm von der Bugspitze eingeleimt. Das Segel (farbige Leinwand: 105 × 65 mm) und die Bindfäden über kleine Schraubösen, Kontaktkleber oder einfache Verknotungen mit dem Mast und dem Rumpf verbinden.

12 Die stolze Flotte dümpelt angeleint vor sich hin und wartet auf ihren Einsatz – hoffentlich bei einer steifen Brise.

13 Bei echtem Sommerwetter verlocken die drei Seen zu einem kühlenden Fußbad. Hier wird der See direkt durch den Wasserfall aus dem oberen Miniteich versorgt. Bei dieser Anlage ist eben immer und überall so richtig was los.

MATERIAL

Wasserlandschaft

- 4 Zementkübel, oberer Durchmesser = 560 mm (für die drei Seen und den Miniteich);
- **PVC-Rohre mit ca. 200 mm Ø:** 3 halbierte Rohre 750 mm lang (Verbindungskanäle);
- **PVC-Rohr mit ca. 150 mm Ø:** 3 halbierte Rohre 750 mm lang (Wasserfall Miniteich);
- Dichtmittel für Rinnen;
- Bau-Silikon;
- 1 kleine Teichpumpe mit erforderlichem Zubehör;
- dichter Hartschaum (z. B. Fibertex);
- Kieselsteine (Menge nach Bedarf).

Schiff

- **Aus Kiefer 68 × 15 mm:** 1 Schiffsrumpf 120 × 50 mm;
- **Rundstab 5 mm Ø:** 1 Schiffsmast 120 mm lang;
- farbiges Leinen: 1 Segel 105 × 65 mm;
- weißer Bindfaden: ca. 600 mm (für die Segelschlaufen und zum Vertäuen);
- Kontaktkleber (zur Segelmontage).

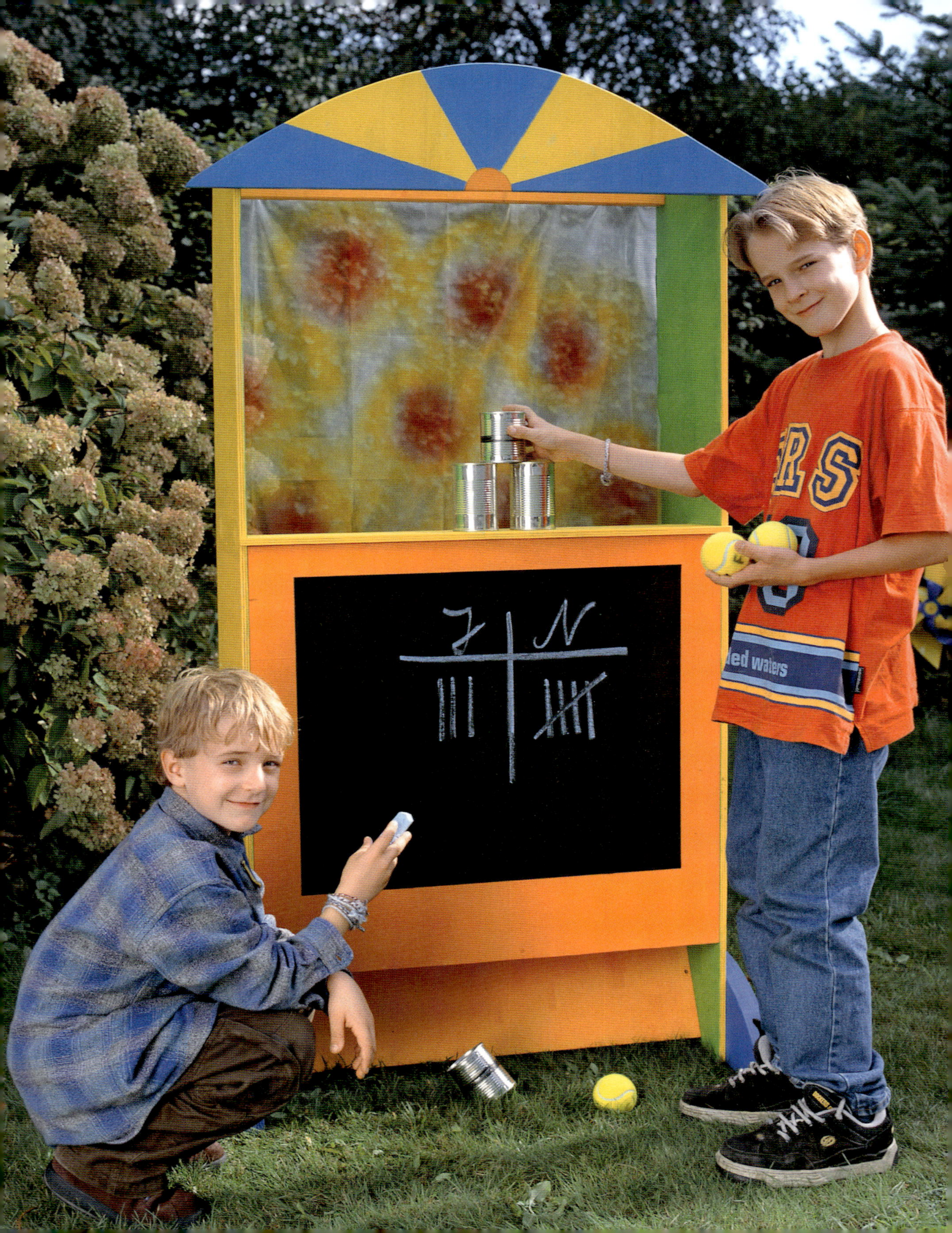

Wurfbude

»Jeder Wurf ein Treffer« als geträumtes Lebensmotto? Schön wär's ja! Aber ganz so einfach ist das nicht, auch nicht an einer Wurfbude. Wer hier nämlich noch nicht mal das Fenster mit den Dosen trifft, für den heißt es: Ab in die Büsche, Bälle suchen. Selbst das Ballfangnetz hilft in diesem Fall nicht weiter.

Wer aber zielsicherer ist, hat zumindest den Vorteil, dass seine Tennisbälle in einem Fangnetz landen und nicht auf Nachbars Grundstück. Die Bälle werden durch das Netz abgebremst, fallen nach unten und landen vor der Wurfbude auf dem Boden. So sind sie leicht einzusammeln und erneut zu verwenden. Neben Tennisbällen können natürlich auch andere Wurfobjekte in verschiedenen Größen benutzt werden, z. B. Jonglier- oder größere Stoffbälle. Der Schwierigkeitsgrad kann so dem Alter des Kindes angepasst werden.

Das Gleiche gilt natürlich auch für die abgeräumten Dosen, die jeden erfolgreichen Wurf obendrein mit ordentlichem Gepolter belohnen. Auf der Tafel wird jeder Treffer der Mitspieler mit Kreide notiert. Die Schreibfläche besteht aus einer selbstklebenden, schwarzen Tafelfolie. Inzwischen sind nicht nur schwarze Exemplare im Handel erhältlich – die Farbpalette reicht von Blau über Rot bis Lila. So bleiben keine Farbwünsche offen. Beim Anbringen der Tafelfolie ist etwas Fingerspitzengefühl gefragt.

1 Die Tafelfolie an einer Seite lösen und unbedingt blasenfrei andrücken. Das geht mit einem Tuch besser als nur mit der Hand. Bedingung: Die Farbe der Trägerwand muss absolut trocken, staub- und fettfrei sein! Zu beachten ist, dass es nur einen Versuch beim Aufkleben gibt, eine Korrektur ist nicht mehr möglich. Dabei würde die Farbe mit abgezogen werden, und damit ist die Klebefläche wertlos und die Folie unbrauchbar. Also: langsam und gewissenhaft arbeiten.

2 Nach dem Trocknen der Farblasuren geht's an die Montage. Zunächst die Seitenteile mit dem Auswurfbrett verschrauben. Front-, Ablageplatten und vordere Querleiste folgen. Dann die Verbindungsleiste aufschrauben.

3 Auf der Rückseite der Querleiste oben das Klettband für das Fangnetz aufkleben. Auch hier müssen die Flächen absolut sauber sein. Unten dient zum Straffen des Netzes ein Bambusstab, der in regelmäßigen Abständen mit Montageband umwickelt wird. Dann so fest einrollen, dass am Netz ein Hohlsaum entsteht. Den auf beiden Seiten ein wenig aus dem Hohlsaum ragenden Stab locker mit Schraubhaken verankern, um zu verhindern, dass mit größerer Wucht geschleuderte Bälle hinten hinausfallen.

4 Das Ballfangnetz ist ein Stück Fliegengitter (Baumarkt), das etwas schmaler als die Wurffensterbreite zugeschnitten wird. Acryllack aus der Sprühdose sorgt für poppige Muster.

4

5 Alle zugeschnittenen Teile werden vor der Montage mit kräftig bunten Wetterschutzlasuren behandelt. Die verwendete Lasur sollte UV-beständig, lösemittelfrei und natürlich speichelfest sein.

5

MATERIAL

- **Birke-Multiplex 12 mm dick, wasserfest verleimt:** 2 Seitenwände 1.500 × 300 mm; 6 Fußplatten 600 × 170 mm (je 3 Platten für einen Fuß flächig miteinander wasserfest verleimen); 1 Auswurfplatte 776 × 500 mm; 1 Frontplatte 776 × 690 mm; 1 Ablageplatte 800 × 165 mm; 1 Zierblende 950 × 200 mm; 2 Trägerleisten 400 × 25 mm.
- **Massivholz 50 × 28 mm:** 2 Querleisten 776 mm lang; 1 Verbindungsleiste 460 mm lang.
- **Kleinteile:** 1 Bambusstab ∅ 10 × 800 mm lang; 1 Fangnetz (Fliegengitter), ca. 1.050 × 800 mm; Klettband; Montageband (Verbindung Bambusstab und Fliegengitter); 2 Schraubhaken (untere Fixierung Fangnetz); Tafelfolie ca. 650 × 500 mm; Spanplattenschrauben; wasserfester Holzleim.

Windspiele

Plastikflaschen gehören nicht nur in die Gelbe Tonne. Sie eignen sich auch zum Bau filigraner Windspiele. Dabei sind der Kreativität und Fantasie keine Grenzen gesetzt. Erforderliches Werkzeug: Schere, Schraubendreher, Cutter, Bügelsäge und eine Zange.

Die kreative Seite des Recyclings. Wenn sich alle Windräder drehen, erinnert das ein bisschen an die 1960er-Jahre mit ihren damals hochaktuellen Pop-Art-Werken. Egal, welche Form oder welches Gebilde der Kreativität »entspringt«, beim Basteln sind der Fantasie keine Grenzen gesetzt. Herauskommen können eine Windmühle, ein Wetterhahn oder verrückte Skulpturen. Aufgesteckt auf einen Stab oder dicken Draht verschönern die Windspiele Balkonkästen, Blumenbeete oder den Hauseingang.

Für alle Modelle gilt: Erforderliche Löcher in Flaschen oder Verschlüssen sollten nicht gebohrt werden. Damit der Kunststoff nicht reißt, ist dieser Arbeitsschritt mit einem erhitzten Stahldraht (besser mit einer erhitzten Ahle) oder einem kleinen Schraubendreher vorzunehmen. Es steht außer Frage, dass eine solche Aktion nur unter der Aufsicht eines Erwachsenen realisiert wird.

1 Die Arbeits- oder Tischplatte sollte großzügig bemessen sein, damit genügend Platz für alle Utensilien und das Kreativteam vorhanden ist. Das Arbeitslicht sollte ausreichend hell sein, nicht blenden und keine Schatten werfen. Gefährlichere Werkzeuge wie Säge oder Cutter sollten außerhalb der direkten Reichweite kleiner Kinder liegen.

2 Zum Material zählen: Plastikflaschen in nahezu jeder Größe, Rundstäbe, Schrauben, Stahldraht und Klebebänder in Rot, Blau, Gelb und Grün. Jeder wählt seine Lieblingsmaterialien und fügt sie zu einem individuellen Windspiel zusammen (einige kreative Anregungen finden Sie in den Abbildungen).

Die PET-Flaschen sind leicht und dünnwandig, dadurch lassen sie sich einfach zurechtschneiden. Das ist aber Sache eines Erwachsenen, denn mit Cutter oder Säge zu arbeiten ist zumindest für unerfahrene Kinder nicht ungefährlich und sollte in jedem Fall unter Aufsicht geschehen.

Geschicklichkeitsspiel

Spaß, Spiel und Spannung, was braucht ein Kinderherz mehr? Dieses Geschicklichkeitsspiel schult neben der Konzentrationsfähigkeit auch – spielend – die Feinmotorik für die erforderlichen Bewegungsabläufe, hat also neben dem Spaß einiges mehr zu bieten.

Ohne volle Konzentration geht bei diesem Spiel gar nichts. Die im Spielring liegende Kugel soll nämlich die obere lochfreie Fläche erreichen, ohne dabei in einem der auf dem Weg liegenden Löcher zu verschwinden. Da die Stege zwischen den unterschiedlich großen Bohrungen stellenweise recht schmal sind, ist das nicht einfach – und es bedarf einiger Übung (und die macht auch hier den Meister), ohne Kugelverlust am oberen Rand der Spielfläche anzukommen.

1 Die Anordnung und Größe der Löcher ist frei wählbar. Der Standrahmen besteht aus einer einfachen Leistenkonstruktion, an der die Lochplatte von hinten befestigt wird. Scharniere verbinden beide Rahmen.

2 Der fertige Spielring. Er wird mit der Stichsäge ausgeschnitten und seine Schnittkanten werden mit 240er-Schleifpapier entgratet.

MATERIAL

- **Multiplex 18 mm dick:** 1 Spielring 100 × 90 mm (Rohmaße).
- **Multiplex 6,5 mm:** 1 Lochplatte 790 × 590 mm.
- **Kiefer 30 × 18 mm:** 4 Stützleisten 1.200 mm lang; 4 Querleisten 600 mm lang.
- **Kleinteile:** Holzkugeln: 3 × ∅ 20 mm, 1 × ∅ 25 mm, 1 × ∅ 30 mm; 2 Scharniere 50 × 40 mm (geöffnet); 6 Schraubösen; Spanplattenschrauben; Bindfaden.

Schaukeltrecker

Schaukelpferd? Schaukelstuhl? Schaukelauto? Gibt's alles schon, zum Teil schon sehr lange. Aber einen Schaukeltrecker gab's noch nie. Voilà! Hier ist einer. Und was für einer! An dem Kraftpaket werden stramme Jungs ihre helle Freude haben.

Der komplette Korpus ist mit Kiefer-Leimholz aufgebaut. Die Verbindung der einzelnen Bauelemente ist mit Dominodübeln realisiert, einer rationellen Variante zu herkömmlichen Runddübeln. Sie bringen die erforderliche Festigkeit für die zu erwartenden Belastungen.

Die Konstruktion des Schaukeltreckers – einschließlich des Kufen-Untergestells – ist insgesamt so aufgebaut, dass sie allen erdenklichen Beanspruchungen standhalten kann.

Besonderes Augenmerk ist beim aktionsreichen Spielbetrieb allerdings den Bauelementen zu widmen, die an den Korpus angebaut sind. Dazu gehören beispielsweise der Auspuff und die Scheinwerfer. Diese Teile sind zwar ordentlich am Korpus verankert, aber aufgrund ihrer exponierten Position anfälliger für wilde Spielmanöver als der Korpus selbst.

1 Die vorgeschnittenen Teile mit Dübeln und Leim verbinden und mit Klebeband fixieren, bis der Leim abgebunden hat. Überschüssigen Leim sofort mit einem feuchten Lappen entfernen.

2 Beim anschließenden »Rund«-Fräsen der Korpuskanten wird nur der Bereich ausgespart, an dem später der Auspuff sitzt.

3

4

5

6

7

8

3 Für die relativ engen Radien der Aussparung bei der Motorattrappe ist ein eingespanntes schmales Kurvenblatt in der Stichsäge unerlässlich.

4 Die feinen Nuten in den Motorattrappen werden mit einem Fingerfräser hergestellt. Dabei in mehreren Gängen (für die Tiefe) und mit geringem Vorschub arbeiten, sonst könnte der Fräser zu heiß werden. Alle Kanten (auch die der Nuten) mit feinem Schleifpapier säubern. Klemmzwingen helfen, beide Teile nacheinander mit dem Korpus zu verleimen.

5 Ein Achsstummel dient als Zentrierhilfe beim Verleimen der Radscheiben und ist sofort nach dem Verpressen zu entfernen. Zuvor hat eine Bohrmaschine (mit eingespanntem Forstnerbohrer) im Bohrmobil für exakt senkrechte Löcher in den Radscheiben und dem Korpus für die Radachsen gesorgt.

6 Distanzmuffen gewährleisten den Abstand zwischen Korpus und Rad. So können sich die Räder im Bedarfsfall (das heißt ohne Schaukelunterbau) locker drehen.

7 Der Schalldämpfer, der über den Auspuff zu stülpen ist, wird aus den zuvor verleimten Leisten hergestellt und von beiden Seiten zentrisch eingebohrt. Mit Raspel und Feile erhält er seine endgültige Form.
Um den Auspuff am Korpus fixieren zu können, ist dieser längliche Ausschnitt nötig. Den übergestülpten Schalldämpfer mit Leim am Rundholz befestigen. Überschüssigen Leim sofort mit einem feuchten Lappen entfernen.

8 Der Auspuff und die dicke Schwungscheibe passen genau in die Aussparungen der Motorblockattrappe.

9 Auch die Treckerlampen entstehen aus verleimten Leisten. Für den Konus beide Durchmesser anzeichnen. Vor der endgültigen Formgebung die beiden Klötzchen von der Seite bis etwa zur Hälfte einbohren. Wie beim Schalldämpfer sorgen auch hier Raspel und Feile für den Konus. Holzstummel dienen als Abstandshalter und Befestigung für die Lampen.

10 Komfort muss sein: Die Mini-Rückenlehne verhindert ein Abrutschen des Trecker-Schauklers. Lenkrad und -säule mit Schloss-Schraube, Scheibe und Sicherungsmutter befestigen.

11 Bis zum Abbinden des Leims die Verbindung zwischen Kufen und Grundplatte mit Zwingen fixieren.

12 Nur noch ein Schritt bis zum Schaukelvergnügen: das Verbinden von Trecker und Schaukeluntersatz. Diese Verbindung übernehmen zwei gefalzte Bretter.

13 Die Oberfläche sollte noch einen wetterfesten Schutz bekommen: z. B. mit Klarlack (betont schön die Maserung) oder Buntlack (überdeckt dann alles).

MATERIAL

- **Kiefer-Leimholz 27 mm dick:**
  2 Kufen 918 × 170 mm; 1 Bodenplatte 550 × 320 mm; 2 Trägerplatten 310 × 150 mm; 2 Eckverbinder 130 × 54 mm; 6 Radscheiben 290 × 290 mm; 1 Rückenlehne 180 × 80 mm; 2 Auspuffteile 130 × 27 mm; 4 Lampenteile 60 × 27 mm; 2 Schwungscheiben 90 × 90 mm.
- **Kiefer-Leimholz 18 mm dick:**
  2 Seitenteile 770 × 300 mm; 1 Frontplatte 246 × 130 mm; 1 Heckplatte 200 × 130 mm; 1 Sitzplatte 252 × 130 mm; 1 Abdeckplatte 201 × 130 mm; 1 Abdeckplatte 296 × 130 mm; 6 Radscheiben 195 × 195 mm; 1 Lenkrad 145 × 145 mm; 2 Motorplatten 260 × 180 mm.
- **Kleinteile:**
  Kiefer-Rundstab 35 mm ∅: 450 mm lang (für Auspuff und Abstandshalter für die Räder); Kiefer-Rundstab 20 mm ∅: 650 mm lang (für Achsen und Lampenhalter); Kiefer-Halbrundstab 20 mm ∅: 550 mm lang (für Kühlergrill); 1 Schloss-Schraube M8 × 100 mm mit Scheibe und Sicherungsmutter; Domino-Dübel 8 × 20 × 40 mm; Spanplatten-Schrauben; wasserfester Holzleim.

Stelzen

Das macht richtig Spaß: mit Riesenschritten durch die Welt zu stiefeln und dabei den Erwachsenen mal auf die Köpfe schauen zu können. Und zum Bauen braucht man nur wenig Material. Deshalb ran an die Stelzen!

Für dieses pfiffige Fortbewegungsmittel werden nur zwei lange Kanthölzer (3.000 mm lang) und einige Sperrholzreste benötigt.

1 Die beiden Kanthölzer (30 × 30 mm) auf 2.000 mm ablängen. Aus den Resten je drei Stücke mit 260 mm Länge zuschneiden.

2 Um die Fußstützen in verschiedenen Höhen fixieren zu können, sind entsprechende 8-mm-Bohrungen einzubringen. Die unterste liegt 100 mm vom Kantholzende. Dann folgen mit je 160 mm Abstand vier weitere Löcher. Gummischoner, wie sie für Tischbeine aus Stahlrohr gebräuchlich sind, schützen die Kanthölzer nicht nur vor Feuchtigkeit.

3 Die Fußstützen bestehen aus je zwei Sperrholzlagen, zwischen die die je drei Restkantholzstücke mit reichlich Übermaß geleimt werden. Nach dem Abtrocknen des Leims das gesamte Paket auf Maß schneiden.

4 An den Innenseiten müssen die Sperrholzplatten 30 mm überstehen, damit sie die Kanthölzer bündig aufnehmen können. Je zwei Schloss-Schrauben aus Messing fixieren die Fußstützen in der gewünschten Höhe. Alle Teile vor der Montage klar lackieren.

Spielzeugstelzen werden mit Armen und Händen umfasst und eng an den Körper gepresst. Die Füße stehen dabei auf Trittbrettern, sodass bei Stolpergefahr ein schnelles Abspringen möglich ist. Das Laufen erfordert eine gute Koordination der Bein- und Armmotorik. Sie werden staunen, wie schnell Ihr Kind ein Profi darin wird! Stelzen aus Holz sind besonders beliebt, es gibt aber auch Exemplare aus Metall. Im Idealfall ist die Standhöhe verstellbar, dann »wachsen« die Stelzen mit.

Kinder lieben die Herausforderung – auch beim Stelzenlaufen. Wettläufe oder das Schnappen nach an einer Leine aufgehängten Süßigkeiten, die ganz ohne Hilfe der Hände nur mit dem Mund erreichbar sind, gehören dabei zu den Favoriten.

MATERIAL

- 2 Kiefer-Kanthölzer 30 × 30 × 3.000 mm lang (auf 2.200 mm ablängen), aus den Reststücken die sechs 260 mm langen Teile schneiden;
- Sperrholz 6 mm dick: 4 Fußstützen 240 × 150 mm (in der Waagerechten bei 60 mm und in der Senkrechten bei 45 mm die Schräge abschneiden);
- 2 Gummischoner 30 × 30 × 30 mm (Innenmaß);
- 4 Schloss-Schrauben M8 × 50 mm lang mit Scheiben und Flügelmuttern;
- wasserfester Holzleim.

Adressen, die Ihnen weiterhelfen

Holz, Holzwerkstoffe, Leisten

Finnforest Deutschland GmbH
Louis-Krages-Straße 30
28237 Bremen
Tel.: 04 21/6 91 10
www.finnforest.de

HolzLand GmbH
Scheibenstraße 47
40479 Düsseldorf
Tel.: 02 11/5 42 15 40
www.holzland.de

Hand- und Elektro-Werkzeuge, Zubehör

Emil Lux GmbH & Co. KG
Emil-Lux-Straße 1
42929 Wermelskirchen
Tel.: 0 21 96/76 40 00
www.lux-tools.de

wolfcraft GmbH
Wolff-Straße 1
56746 Kempenich
Tel.: 0 26 55/5 10
www.wolfcraft.de

Robert Bosch GmbH
Robert-Bosch-Platz 1
70839 Gerlingen-Schillerhöhe
Tel.: 07 11/81 10
www.bosch.de

Metabowerke GmbH
Metabo-Allee 1
72622 Nürtingen
Tel.: 0 70 22/7 20
www.metabo.de

Schrauben und Zubehör

SPAX International GmbH & Co. KG
Kölner Straße 71–77
58256 Ennepetal
Tel.: 0 23 33/79 90
www.spax.de

suki.international GmbH
Suki-Straße 1
54526 Landscheid
Tel.: 0 65 75/7 10
www.suki.de

Winkelverbinder und Beschläge

August Vormann GmbH & Co. KG
Heilenbecker Straße 191–205
58256 Ennepetal
Tel.: 0 23 33/97 80
www.vormann.com

Metallprofile, Gewindestangen

alfer aluminium Gesellschaft mbH
Industriestraße 7
79793 Wutöschingen
Tel.: 0 77 46/9 20 10
www.alfer.de

Lacke, Lasuren, Beizen, Farbsprays

Alfred Clouth Lackfabrik
GmbH & Co. KG
Otto-Scheugenpflug-Straße 2
63073 Offenbach/M.
Tel.: 0 69/89 00 70
www.clou.de

Akzo Nobel GmbH
Kreuzauer Straße 46
52355 Düren
Tel.: 0 24 21/59 50
www.akzonobel.com

MOTIP DUPLI GmbH
Kurt-Vogelsang-Straße 6
74855 Haßmersheim
Tel.: 0 62 66/7 53 57
www.motipdupli.de

Kleber, Leim

Henkel AG & Co. KGaA
Henkelstraße 67
40589 Düsseldorf
Tel.: 02 11/79 70
www.henkel.de

Seile, Schaukelzubehör, Slacklines

Hamburger Tauwerk Fabrik
GmbH & Co. KG
Willy-Brandt-Straße 46
20457 Hamburg
Deutschland
Tel.: 0 40/32 74 90
www.htf-hh.com

Karl H. Schäfer GmbH & Co. KG
Spielen…Bewegen…Erleben…
Lernen…
Großer Kamp 6-8
32791 Lage-Heiden
Tel.: 0 52 32/6 59 82
www.therapie-kollektionen.de

Kanirope GmbH
Planetenfeldstraße 120
44379 Dortmund
Tel.: 02 31/4 40 55 58
www.kanirope.de

seil-frey
Seile und Netze GmbH
C.-H.-Jäger-Straße 3
7955 Ettenheim,
Tel.: 0 78 22/8 94 40
www.seil-frey.de

Slacklinebox
Viertl Design GmbH
Sandstraße 14a
92318 Neumarkt i. d. OPf.
Tel.: 0 91 81/32 09 55
www.slacklinebox.de

Literaturempfehlungen

Selbst ist der Mann (Hrsg.): Das große Buch vom Heimwerken, Pabel-Moewig Verlag, 2007.
Selbst ist der Mann (Hrsg.): Das große Buch vom Holzbau, Pabel-Moewig Verlag, 2004.
Stade, Evamarie: Selber bauen mit Holz im Garten. BLV Buchverlag, München 2010.

Verzeichnis der Bauideen

Bildnachweis

Dalsgaard: 4 r, 5 l, 5 r, 10/11, 28–33, 34–37, 38–41, 46–49, 50–55, 60–65, 66–71, 86–90, 96–101,102–107, 112–113
Dennis Hallinan/getty images: 123
Flora Press/Oredia: 72
Jupiterimages/getty images: 1, 58
Roggenthin: 13
Selbst ist der Mann: 2/3, 4 l, 6, 7 u, 7 o, 9, 14–15, 16–21, 56–57, 73, 74–79, 80–85, 114–115, 116–121
Slackstar: 12
www.StudioLivingArt.de: 8, 24–27, 42–45, 92–95, 108–111

Stichwortverzeichnis

Über den Autor

Hans-Jürgen Reinbold vereint technisches Fachwissen und jahrelange redaktionelle Erfahrung. Nach 10 Jahren in der Industrie wechselte der Maschinenbau-Ingenieur in die Kölner Redaktion des Do-it-yourself-Magazins »Selbst ist der Mann«. Als technischer Redakteur und Produktionsleiter war er für die Themenbereiche Möbelbau und Technik verantwortlich. Seit 1990 arbeitet er als freier Journalist und schreibt Bücher zu verschiedenen Bauthemen.

Impressum

Bibliografische Information der Deutschen Nationalbibliothek

Die Deutsche Nationalbibliothek verzeichnet diese Publikation in der Deutschen Nationalbibliografie; detaillierte bibliografische Daten sind im Internet über http://dnb.d-nb.de abrufbar.

BLV Buchverlag GmbH & Co. KG
80797 München

Umschlagkonzeption: Kochan & Partner, München
Umschlagfotos:
Vorderseite: getty images/Martin Baurraud
Rückseite: www.StudioLivingArt.de

Progammleitung Garten: Dr. Thomas Hagen
Konzeption, Lektorat: Sandra-Mareike Kreß
Herstellung: Ruth Bost
DTP: Satz+Layout Fruth GmbH, München

Gedruckt auf chlorfrei gebleichtem Papier

Printed in Slovakia
ISBN 978-3-8354-0887-6

Hinweis
Das vorliegende Buch wurde sorgfältig erarbeitet. Dennoch erfolgen alle Angaben ohne Gewähr. Weder Autor noch Verlag können für eventuelle Nachteile oder Schäden, die aus den im Buch vorgestellten Informationen resultieren, eine Haftung übernehmen.